不抱怨，把握人生的分寸感

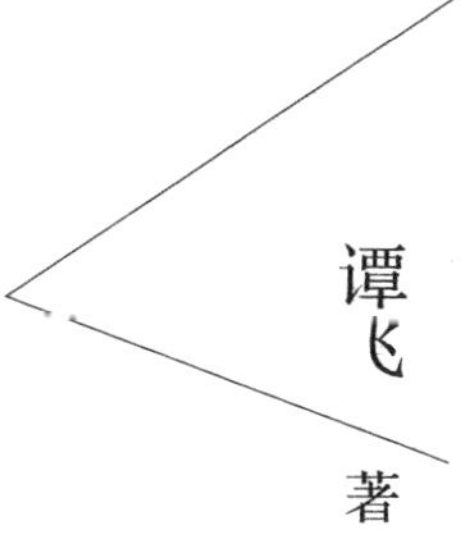

谭飞 著

台海出版社

图书在版编目（CIP）数据

不抱怨，把握人生的分寸感 / 谭飞著. —北京：台海出版社，2018.10

ISBN 978-7-5168-2137-4

Ⅰ. ①不… Ⅱ. ①谭… Ⅲ. ①人生哲学—通俗读物 Ⅳ. ①B821-49

中国版本图书馆CIP数据核字（2018）第226251号

不抱怨，把握人生的分寸感

著　　者：谭　飞

责任编辑：徐　玥　曹任云　　　装帧设计：仙　境

版式设计：马宇飞　　　责任印制：蔡　旭

出版发行：台海出版社

地　址：北京市东城区景山东街20号　邮政编码：100009

电　话：010-64041652（发行，邮购）

传　真：010-84045799（总编室）

网　址：www.taimeng.org.cn/thcbs/default.htm

E-mail：thcbs@126.com

经　销：全国各地新华书店

印　刷：玉田县昊达印刷有限公司

本书如有破损、缺页、装订错误，请与本社联系调换

开　本：880mm × 1230mm　　1/32

字　数：168千字　　印　张：8

版　次：2018年12月第1版　　印　次：2019年1月第6次印刷

书　号：ISBN 978-7-5168-2137-4

定　价：45. 00元

版权所有　翻印必究

目录

第一章 别把出身当成你默默无闻的理由

第二章 比努力更重要的东西叫选择

第三章 最怕低配的肉体，承载不了高配的灵魂

第四章 没有谁天生就是失败者

第五章 别在最好的年纪，活得却那么安逸

第六章 他成功的原因，只是比你少了几分抱怨

第七章 你可以渴望，但不要着急

第八章 更好的自己，已经在未来等你

第一章

别把出身当成你默默无闻的理由

抱怨永远不会有好结果，得过且过破罐破摔更不可能带来环境的改变，路在脚下，只要你有了正确认识问题的心态，只要你有了积极改变的决心，就没有解决不了的问题。

不努力，给你一个亿也没用

因为王健林的一句话，“小目标”这个词算是毁了。

一开始听到这件事情的时候，我只是当作一个饭桌上的趣谈，后来才知道居然在网络上引起了轩然大波。看来，大多数人比我想的还要“玻璃心”。

我听到有人说“王思聪不过是有个好爹”“投胎真的是个技术活儿”……

我不否认王思聪确实有个好爹，但我更知道，王健林也有一个好儿子。

据我的了解，现实中的王思聪远比大众口中的那个他努力得多，我不否认他成功的起点的确比别人高，但他向上爬的劲头，也比一般人要强很多。

有很多人抱怨说：“如果我爸也给我一个亿，我肯定比王思聪强。”

这话说得如此坚定，可惜我不信，因为对很多人来说，即便给他一个亿，他也只是多一些把这笔钱败光的本事而已。

二十年前我从四川大学中文系毕业，一开始在成都双流机场工作，后来又到了成都商报社。

当时的双流机场刚建成国际机场，是整个成都炙手可热的地方，因此通过各种途径进来的什么人都有，我也因此认识了一些各种各样的“二代”。

当时他们还不叫“富二代”“官二代”，而应该叫“含着金钥匙出生的人”。这些人应该是有王思聪那样的命了，但我知道大多数人并没有能够成为“王思聪”。

最近有一次，我参加一个饭局。在饭局上，一位我认识很久的熟人这样吐槽：“王健林给了王思聪5亿，王思聪赚回来40亿，才翻了8倍就被媒体大肆炒作。我爸才给我5块钱，买了双手套去工地搬砖，一天就赚了100块，翻了20倍，一个报道我的都没有，可见我比王思聪优秀啊，只是资金不足。”

我被他的脑回路深深地折服，哭笑不得地说：“你偷换概念的能力太强，我甘拜下风。”

他一脸不服：“我怎么偷换概念了？”

我告诉他：“王思聪有开公司的能力，所以他用5亿赚回来40亿；你只有搬砖的能力，给你5亿，你也就只能赚回来5亿零100。”

他尴尬地笑了笑：“你要不要这么直白？”

说到底，这样的事情屡见不鲜。

我这个熟人曾经小有成就，却在事业的关键时期迷恋上了游戏，从而让大好的前程荒废掉了。

他经常夸耀自己如何聪慧，如何具有商业头脑。他老发这样的朋友圈：如果我生在大富大贵之家，一定能超过王健林，打败马化腾。

但他忘了，生活给了他同样的机遇。可是，他在努力拼搏步入人生巅峰和吃喝玩乐、混吃等死二者间，毅然决然地选择了后者。

他似乎想扳回一局，于是问我："以前也没见你多厉害，怎么现在混得这么好？"

我很平静地告诉他："我现在也没有多厉害，但因为我不厉害，所以我得更努力。而且我不叫混得好，因为我从来不混。"

他表示不服："你给我一个亿，我开个公司，雇人当经理，我就坐等收钱行不行？"

我摇摇头："世界上哪有这么好的事儿。你雇人当经理，公司还是你的，风险也是你的。现在倒闭的公司还少吗？公司黄了，经理可以再找一家新公司，你呢？"

他哑口无言，但还犟道："那你给我一个亿，我存银行里吃利息行吧？"

我看了他一眼："说白了，你就是不想努力改变现状。你每个梦想的前提，都是我给你一个亿。可是你不努力，给你一个亿也没用。你过上一个亿的生活，没两年把钱败光了。你有这时间幻想，有了一个亿你应该怎么花，还不如先给自己定个小目标，先赚个一百万再说。"

他终于闭了嘴。

文化圈和娱乐圈是两个非常重视天分的领域，然而，就我这二十年的经验来看，成功的人绝不是那些天赋过人的人，而是那些比别人更努力的人。

我遇到过这样一个小姑娘，她是学设计的，在别人看来她天分极高，总能够提出很优秀的创意。她们设计所的员工都说，自己没有她那样的天分。

其实哪有什么天分呢？她的天分只是让她在初学设计时比别人快一些罢了，后期的“天分”，都是她日复一日努力的结果。

在设计所的其他女生敷面膜的时候，她在网上找素材；在其他女生泡吧的时候，她在翻杂志；在大家一起吃饭的时候，别人都在看菜单，她在看店内装潢的色调和搭配。

天分只是别人为她的努力，以及自己的无能找的借口。

有朋友说：“我是活给自己看的，我不在乎别人怎么想，努不努力都无所谓，自己活着舒服就行。”

真的是这样吗？要知道，人是社会动物。只要活着，没有人不想让他人对自己另眼相待。这就是所谓的成就感。在这个社会上，没人会希望自己被别人看不起。

有人说，我要是有一个亿，我就会被人看得起。

这句话在逻辑上是个假命题。就算你有一个亿，被人看得起的也是你的钱，而不是你本人。金山银山都有花光的一天，当你花光这一个亿，你将比之前更贫穷。

很多人不愿意当富一代，都想当富二代。因为富一代需要白手起家，需要努力积累赚钱经验，需要学会迎合市场，需要一点一滴的奋斗。富一代的特点是赚的钱远远超过花的钱。

而所谓的富二代呢？从小养尊处优即可。他们不需要拼死拼活地赚钱，甚至不需要工作的能力。这种衣来伸手、饭来张口的日子，当然是每个懒人的梦想。可就算养尊处优又如何？父母总有一天会离开你，如果没有钱，也没有能力，你身边的人也会弃你而去。

只有牢牢抓在手里的，才是真正保险的。

人为什么要努力？不就是为了生活能变得更好吗？每个人都希望自己生活得更好，不管是物质方面还是精神方面，人都需要获取。所以，不管你是不是富二代，你都要努力工作，努力赚钱，满足自己的物质愿望。

为了生存的意义。人在这个世界上不能只靠一张嘴和一双脚去生活吧，如果只靠这些，那还活个什么劲？我不说生活的意义，只谈人生的追求。

如果一个人整日无所事事，那他的内心也会无比空虚。为了填满内心的空虚，我们就更要努力。

谭飞说：如果你是穷人，不努力，现实只会给你一记耳光；如果给你一个亿后，还不努力，现实则会给你一顿胖揍。

你永远叫不醒一个装睡的人

我相信很多读者都看过这个故事：

一个富商偶尔到某个贫困的山村旅游，为当地人的淳朴所打动，决定在当地投资，帮助贫困的山村脱贫致富。临走之前，富商决定到当地人家里住一晚，真正感受一下当地的生活。结果，吃过一顿晚饭之后，富商决定不投资了。因为他看到村民们吃饭都不用筷子，原因是买不起，可是在村民的后院，就有可以做成筷子的竹子。

这个故事我觉得可信度并不高，因为即便村民再傻、再懒，用竹子做根筷子还是能做到的。但这并不影响它当中蕴含的道理，这个道理我用一句这两年特别火的话总结，就是你永远也叫不醒一个装睡的人。

我有个小朋友，2014 年进入娱乐圈，自己条件不错，要长相有长相，要气质有气质，情商很高，很会与人打交道，但就一点不好，就是不会演戏。

这个小朋友到今年也演过几部电视剧，还上过综艺节目，但别说红，连点颜色都未必有，在观众心中的印象，恐怕还没有道具印象深，对于这一点她自己很愤怒，她总是说观众和导演有眼无珠。

有很多人都跟她说过，包括我在内，问题不在于观众，而在于她根本就不会表演。我劝她好好去学表演，每次她都很诚恳地表示认同，但过后看到她依然还是白开水式的表演。慢慢我就明白了，她并非不知道自己的问题，只是假装不知道，然后就可以堂而皇之地为自己的不努力找借口，把不成功的原因归结于他人，而并非自己。

心理学中有一个研究，研究对象是长期处于某一特定环境中的人。心理学家通过研究发现，当一个人长期处于一种环境中时，他就会选择慢慢适应环境，进而对环境产生依赖。当有一天环境可以改变时，他们也会放弃改变环境的机会，即便是这种环境已经糟得不能再糟了，但一旦当他们被环境牢牢地控制住心灵之后，就很难再告别环境了。

有些人可能由于家庭出身的原因，进入社会的起点很低，也因此遭遇过一些挫折，久而久之，他们便会将家庭出身作为借口。到后来，哪怕是他们自己的问题，他们也会推到所谓的“出身低”“社会不公平”上来。

其实，即便再低的出身，社会也会给予你一些机会，但前提是你自己得努力。一边抱怨社会不公平，一边放弃努力，那就不能怪我说你是在装睡了。

我手下有一个毕业于四川大学的实习生，在一次吃饭的时候，他给我讲了一个故事让我感触颇多。

即便是在当今，在我国西南山区，很多山村还是很贫穷。他在大一的时候曾经想过做一些公益，问了问身边刚入校的同学，很多人都有这个想法。于是，他们就做了一个为西部儿童筹集课外书的活动。

这个活动搞得很好，于是他们想接着为当地老乡再做点什么。帮助孩子接着再帮助大人，也是应有之义。

然而，当他们把自己的建议说给一位老志愿者听时，得到的却不是支持而是否定。老志愿者的否定并非没有道理，原来这位老志愿者很早就同别人开展过扶贫的工作。

当时他们认为与其输血不如造血，于是便购买了高产的种子和优质的家畜幼崽送给当地的老乡，指望能通过此方法提高老乡的收入，进而教会他们如何科学地种地、养殖。然而令他们没有想到的是，他们前脚刚走老乡后脚就把种子背到了集市上，卖了钱打了酒回来，而家畜的幼崽呢？自然也就成了老乡的下酒菜。

面对老乡的这种行为，志愿者真如鲁迅看孔乙己一样，此后再也没人提过扶贫的意见，因为大家知道，老乡的贫穷并不是因为环境和教育，而是来自心理。

没有多少人是天生的富贵命，我们当中大多数人在人生的某个阶段都或多或少为失败所困扰、为贫穷所困扰。然而最终有些人摆脱了失败，有些人则一生与贫穷为伍，差距在哪里呢？就在人的心理。

有些人在贫困中能瞬间醒来，这种人我管他叫“主动奋进的人”；有些人能够在贫困中被人叫醒，这种人我管他叫“被动奋进的人”；而有些人呢？怎么叫也叫不醒，我管他叫“不动的人”。

其实，不动的人未必就没有醒，他只是在装睡而已。因为睡下去，他就不用去奋斗，就不用去经历奋斗中可能遭遇的痛苦、挫折。

经常处于贫穷的生活当中会让人感到自卑、焦躁、不安，进而最终抱着“破罐子破摔”的心态慵懒堕落下去。然而，对心态健康、心智完善的人来说，贫穷却有着另一副面孔，它是促使人努力的“导师”，让人走上奋斗以至于成功道路的“领路人”。

因此我必须说，贫穷并不是环境的错，而是贫穷者心理出了问题。抱怨环境没有用，面对困难和挫折的时候，积极寻求解决问题的方法是改变现状最好的途径。

抱怨永远不会有好结果，得过且过破罐子破摔更不可能带来环境的改变。路在脚下，只要你有了正确认识问题的心态，只要你有了积极改变的决心，就没有解决不了的问题。

谭飞说：明知道把饼拿起来咬，自己就不会饿死，但他偏偏连伸手动一下都不肯。这才是“道理都懂，但依旧过不好这一生”。

穷人家的“富二代”

不少年轻朋友都在抱怨：“我要是李嘉诚的儿子，我早飞黄腾达了。”

说这话的，我请你想一想，李嘉诚是靠谁飞黄腾达的？

你现在搬砖的生活，不是你父母逼你去搬的，是你本来就没开公司的本事，不得已才去搬的。

一提起“富二代”，大多数人的印象都是：好吃懒做、挥金如土、不求上进、行为乖张、仗势欺人等。不少人都说，穷人家的孩子早当家，家里不能太有钱，有钱就会惯着孩子，让孩子不懂事，让孩子堕落成性。

然而就我的观察，现在的社会上，一些品行优良、吃苦耐劳的富二代越来越多。反之，穷人家的孩子却不是富贵命，偏有富贵病。

我记得是在去年，和媒体的一位朋友聊天，这个朋友给我讲了一个故事，让我意识到原来穷人家也有很多“富二代”。

这个朋友有个远房亲戚的孩子，到了要高考的年纪，他怕孩子在乡下给耽误了，于是接到了市里来就读，这个孩子就住在自己家里。

我这个朋友没孩子，所以对亲戚家的孩子自然也就关心多一点。然而，这个亲戚的做法却让我这个朋友陷入了沉思。

因为孩子的吃住都在他家，所以平时的零用钱根本不需要太多。可是，他每周却总能听见孩子打电话跟他爸妈要钱，每周至少几百块，理由不是买衣服，就是买学习资料。

如果父母不给或者少给点，他就会闹情绪，拒绝接父母的电话，周末也不回家，选择跟同学在外面玩。有时候，我这个朋友实在看不过眼，就和孩子一起回乡下。然而在自己家里，孩子却只是躺着玩手机、看电视，完全不理会大冷天还在菜市场干活的父母。

我这个朋友就很郁闷：你每天在我这里吃住用都不花钱，你要那么多钱干什么？你父母都是地地道道的农民，挣钱不容易，一个月挣不了多少钱，家里过得这么不容易，你怎么就看不到呢？

其实，这孩子在当今的社会根本就不是个例。穷人家的“富二代”越来越多，而这种社会现象出现的根源，就是家人补偿和溺爱的心理。

家庭条件越不好，父母就越觉得不能亏待了孩子。“宁肯穷全家，不能穷孩子”是他们的教育理念。在这种环境下长大的孩子，被家里惯得衣来伸手，饭来张口，性格自私自利，缺乏感恩心理，花钱大手大脚，消费远远超出他的能力，而且完全不考虑家里的情况。

继续如此，人长大了，也是个社会毒瘤。

前几日，我在微博上看到一个“女大学生嫌弃家贫，骂父母人渣垃圾”的视频，很庆幸，我身边没有这种人。

还记得去年我去深圳出席一个活动，因为早到了一天，于是就找到当地一个老朋友吃饭。席间，老朋友多喝了几杯，开始跟我抱怨深圳生活压力之大。

我这位老朋友家在河南一个比较落后的村庄里，在他小时候，他父亲就去世了。他妈妈开始变得强势，性格也有些偏激，对他的要求很严格。

有一次，他因为在学校贪玩，被老师把他妈妈叫过去批评了一顿。回来后，他妈妈让他长跪在父亲的墓碑前反省。从那以后，他就没有再调皮捣蛋过。当然，他妈妈在物质生活上一直给予他最好的，也没有养成他衣来伸手饭来张口的毛病。

大学毕业后，他选择在深圳一家外企上班，每个月工资上万。那时候，给车上牌还没有这么困难。于是他的同事纷纷买车买房，只有他每天坐公交，乘地铁上下班，落脚之处也只是一间仅 10 平方米左右的房间。

我问他："你从来没有抱怨过父母没能给你买房买车，没能给予你更多的物质条件吗？"

他说："我没有资格去抱怨他们，上帝给我这样的人生，或许就是为了磨砺我，让我变成强大的人。因为只有真正强大的时候，我们才不会在乎自己的家庭背景吧。"

他的话让我很受触动。确实，长大的标志是心智的成长和成熟，而非年龄的增加。年龄不过是人类的数字符号。

因为一个成熟的人不会抱怨父母，他知道，在成年人的世界里没有“容易”二字。没人有义务给你买车买房。这些看起来理所当然、天经地义的事，其实都是你自己的事。

如果你身边有朋友觉得，买车买房是件很容易的事，那肯定是有人帮他们承担了这份不容易。当他们把安全感建立在父母身上时，可曾想过，父母随时都有可能被岁月无情地侵蚀，到那时候，他们还能依靠谁呢？

当然，我也不排除有些原本家境就很好，而自身还努力奋斗的人。当面对这种人时，我们就更该反思一下，为什么他们比你优秀，比你条件好，却还比你努力。

和这种人相比，你有什么资格去抱怨呢？你怨恨父母没有给予你更多更好的物质条件，其实只是你自身不够强大罢了。

只有让自己变得足够强大，才能不依靠任何人活出精彩，才能不给别人添麻烦。要知道，这个世界并没有你想的那么轻松，你想获得任何东西，都是要付出代价的。

如果你想毫无压力地买车买房，就不妨问问自己：你够努力、够强大吗？

谭飞说：穷不可怕，可怕的是丫鬟的身子，公主的病；可更怕的是有了公主病，却没有变成公主的能耐。

有种明星叫草根

很多人喜欢用“一夜成名”来形容很多草根明星，以此来说明他们成功的容易。

不错，很多草根明星确实是在一夜之间就由默默无闻变得众人瞩目的，但是可曾有人想过，在他们默默无闻的日子里，他们经历过多少艰辛坎坷。

2011 年春晚舞台上，旭日阳刚凭借歌曲《春天里》一夜红遍大江南北，从此演出、邀请不断。这些荣耀与光环的背后，是他们在未成名时没法诉说的辛酸。

在没有上春晚之前，两人蜗居在不足 10 平方米的小房间里，基本没有稳定收入，用“吃了上顿没下顿”来形容可能有点夸张，但就生活质量而言，肯定没有送餐员、快递员好。

刘刚是东北人，来自黑龙江省牡丹江的一个农村，没受过什么高等教育，早年当过兵，退伍之后就来到了北京，从 2003 年开始北漂，直到被邀请上春晚，他没有做过一件所谓的“大事”，没有得到过任何改变生活的机会。

王旭比刘刚还要大十几岁，这意味着他应该比刘刚多吃了十年的苦。王旭也是农民，家乡是商丘地区的国营民权农场。高中一毕业，他就急忙走上了社会，走得太急的结果是一直原地踏步。

那个时候，他花了自己的积蓄买了第一把吉他，翻唱明星的歌。

但唱歌肯定不能养活自己，因此他的主要身份还是农民。在农场，他承包了几十亩的地种瓜果，也挣到了一些钱，但不甘心就这么下去的他终于还是离开了农村。

2000 年，有一个老乡给他在北京介绍了一份工作，工作内容是烧锅炉，就这样他也成了北漂一族。

在此后的十年时间里，他在北京与河南之间来回游走，卖过水果、摆过小吃摊、在酒吧卖过唱，无一例外都是社会底层职业。

在此期间尝过了太多艰辛，最困难的时候，他还去地铁通道里卖唱。他没说过卖唱的结果如何，但从他的神情来看，我估计结果并不理想。

不过即使如此，他也始终没有放弃对音乐的梦想，在一次次的歌唱中，他相信能够获得属于自己的明天。后来的故事我们都知道，他们被春晚导演发现，春天来到了。

人其实哪里有什么一夜成名，全都是百炼成钢。

所谓“台上一分钟，台下十年功”，这句话用在演艺圈是再合适不过了。很多风光无限的明星大腕，都有过不为人知的故事。没有经历过在底层的磨炼，没有被生活打击过，是很难成大器的。

就比如从地下通道一路走上春晚舞台继而一夜成名的“西单女孩”任月丽。她的故事曾经激励了无数草根歌手，自从她在春晚上出名后，就跟以前的“地下通道女孩”彻底诀别，但即便她火了，这些年却也从未停下过脚步。

从北京西单地下通道，到入驻望京 SOHO 去创业当老板。“西单女孩”的人生可谓发生了天翻地覆的变化。

其实，如今活跃在台前的大部分明星，在走红之前都是草根。比如歌手庞龙，他在走红之前，也有过在西安酒吧夜店演出的经历。作为从地下通道走上春晚舞台的幸运儿，“西单女孩”对自己的草根逆袭之路也非常感慨。

她说：“那些无数还挣扎在底层怀揣梦想的草根歌手，非常不容易，在条件艰苦的环境下还能坚持自己的梦想、理想，努力去追求做音乐。草根都是有经历有故事的人，我希望他们有被人认可、被人接受的机会，他们的作品有朝一日能广为流传。但是，我不能把我的经验分享给他们，我是从通道里走出来的，我不能鼓励他们再学我的样子到地下通道里苦熬着，因为背后的辛酸苦楚只有我一个人知道。另外要跟他们说的是，只要努力就好，只要付出，多少都会有一些收获，哪怕是不成正比的收获。”

确实，周星驰跑过龙套、刘德华跑过龙套、梁家辉跑过龙套、国际巨星成龙也跑过龙套，似乎蛰伏和磨炼是每个巨星都不可缺少的必经过程。

其实不只是演艺明星，各行各业的成功者都是如此，人们看到的往往是成功者光辉的一面，但要知道，没有这光辉背后长时间的辛酸苦楚，没有生活对他们无数次的打击折磨，他们是不可能获得如此耀眼的成就的。

这就像是一面镜子，它有光亮的一面，就必然需要有阴暗的一面，如果没有阴暗的一面，那它只不过是一块玻璃。

每一个成功者的背后都有着无尽的辛酸帮他们强大，也只有不断地使自己变得更强大，才能最终实现成功、延续成功。

谭飞说：草根成功学——我已经在社会底层，往前一步可能变富，不能往前大不了还在原地，有什么输不起的？

你的父母已经给了你最好的

我最讨厌把锅甩给父母的人。

在星巴克遇到两个年轻人发生争执，那是我第一次毫无保留地看不起一个年轻人。

事情是这样的：一天中午，我在公司楼下等人，看着时间还有点儿早，就到附近的星巴克点了一杯咖啡。我想外面有点儿热，于是就找了座位打算坐一会儿。

正坐着，一个衣着光鲜的年轻人走过来，坐到了我前桌。

他头上戴着 Beats 耳机，脚上穿着鬼冢虎，拿着苹果手机正在讲电话。不多时，一个穿包身裙的女孩子过来了，俩人打了个招呼，就开始聊天。

由于他们坐在我前面，我也被迫听到了他们的谈话内容。女孩想让男孩给自己买个包，男孩满口答应："没问题，但我没工作你也知道，等下个月再买给你行不行？"

女孩瞟了他一眼：“你都买 Beats 耳机了，还说自己没钱？”

年轻人满不在乎地说道：“耐克 Blazer 联名板鞋，现在店里正在打特价，才三千块，可是老爷子死活不买给我。只能勉强买双鬼冢虎了。”

女孩有些不屑：“你爸开出租能挣几个钱？你妈还没工作，这点儿钱全让你花了，还拿什么给我买包？”

年轻人脸有点儿红：“我既然说了给你买，那就会给你买的。我爸还有点儿积蓄，回去我跟他要。”

我再也听不下去，于是推门出去了。

我生在一个教师家庭，父母都是老一辈的知识分子，家教一向崇尚朴素、节俭，但回想起小时候，我却不得不说，父母基本没有在物质上委屈过我。

可能这就是“可怜天下父母心”吧！每对父母都是一样的心思，即便再苦，都不能苦孩子，他们都会把最好的留给孩子。

我也曾看过一张图片，一家三口都是衣衫褴褛。中间的孩子左脚穿着爸爸的大皮鞋，右脚穿着妈妈的帆布鞋，而爸爸妈妈每人都只穿了一只鞋。配字是：父母已经给了你最好的。

在我小时候，他们就会给我过生日。所以，我从小就习惯了过生日，而且每年生日过得都很充足，也很感动。现在回忆起来，成长过程中的很多小事，都能让我体会到父母对我深深的爱。

我觉得，我能努力工作的原因，就是想赚钱给父母花。不管他们有没有钱，这都是我能给予他们的回馈。

而且，我始终觉得我做得再多都不够。所以，我不能理解为什么会有啃老族。套用一句网络语：你们的良心不会痛吗？

出了星巴克，我想到了一个老友。

老友是做设计的，初中的时候就是个叛逆小“玩闹”。当时，他跟一个辍了学在“洗剪吹”当洗头妹的小姑娘谈恋爱，被他爸知道后，绑起来吊在房梁上，拿皮带使劲抽。

他妈整天以泪洗面，以死相逼让两个人分了手，还强迫他转了学。

从那时候起，他就对父母恨之入骨。上大学，他报了离家一千多公里的学校，每年只在过年的时候回去两天，全程也一句话都不说。

上了大学之后，他彻底放飞了自己。抽烟，喝酒，文身，谈了至少十次恋爱。他人长得很帅，又是学艺术的。

他身上的文身残酷而惊艳，都是自己一笔一笔文上去的。他把自己打扮成最耀眼的星，平时就靠着自己的能力，接点插画、封面之类的活儿。

当钱攒够的时候，他就去西藏或者尼泊尔玩一圈，寻找自我。

他看过西藏的群山湖泊，看过尼泊尔的夜空，蹚过恒河水，冲过夏威夷的海浪。我想，他会一辈子浪漫下去。

可是，这样放荡不羁爱自由的他，却在某天夜里突然给我打电话，说他要回家了，家里给他找了一家公司，他要回去过“苟且”的生活了。

我很好奇，问他怎么突然就转了性。

他掏出一盒很满却开封很久的烟，抽了几口，笑着对我说：“回家之后。好久不抽了。”

接着，他给我讲了去年过年，他在小区门口撞见他爸妈给别人送礼的事儿。

他说：“你知道吧，我爸之前是当兵的，一辈子没认过错，一辈子没低过头。他说最大的败笔就是找了我妈。我妈你还记得吧？老在大街上跟人家吵架，整个一泼妇，从早上叉个腰，能吵到晚上，骂人的话都不带重样儿的。所以我小时候特别讨厌他俩，觉得一个顽固不化，另一个行为恶俗，上不了台面。”

我点点头，我经常见他爸妈，他对他爸妈的评价也很中肯。

他继续说道：“当时，我爸把礼物送给人家，对方推辞着不肯要。他俩的后背佝偻成一团，赔着笑、觍着脸跟在人家屁股后边，我爸手里拿着烟酒和保健品，我妈手里举着红包，低声下气地央求人家收下。目的就是求那家公司的老板，能给我安排一个在办公室的不太累的工作。我看着我妈堆着笑的脸，听着我爸低声下气地说话，哭光了一卷手纸。”

我拍了拍他的肩膀，内心五味杂陈。

我们终会接受，自己的父母原本不过是再平凡不过的普通人。他们放弃了自己的梦想，庸庸碌碌地过了一生，只是为了把你抚养成人。即便你不喜欢他们替你安排和计划好的一切；即便他们犯过错，伤害过你。但也许，这些都已经是他们能做到的最好的了。

谭飞说：父母已经给了你最好的，他们不欠你的。如果你已经十八岁以上，还违反了这条法则，你就会发现自己永远长不大，而且父母会一直很辛苦。

你真的认为平凡可贵吗

父母总对子女说：“我不盼着你大富大贵，只希望你平凡度日就好了。”

你真的认为父母觉得平凡可贵？如果你真的这样认为，那只能说你太天真了。

大佬说平凡是自谦，你说平凡只是不想努力的借口。

马云曾经说，如果上天再给他一次机会，他肯定会选择当一个平凡的教师，至少平凡的人不会像他这么累。

我对马云大佬的话报以敬佩，但是却不敢苟同。出色的人无论到哪里都会发光，如果上天真的再给他一次重来的机会，他肯定还会走这条路，不论这条路有多艰苦。

我有个朋友特别乐观，乐观得没心没肺。

以前在广州的时候，他是我带入行的，算是我的一个小兄弟。那个时候，我们公司几乎没人不喜欢他，因为他一直都是笑呵呵的样子，不做作、不炫耀、不爱出风头，对人也很温柔。

他性格好，长相帅气，甚至有几分像吴彦祖，一米八的身高更是没得挑。但他到现在都没结婚，自从大学毕业后，就没再交过女朋友。

他连朋友家生二胎的“份子钱”都随出去无数了，自己的终身大事八字还没有一撇。我知道，他找不到老婆的原因还是他没钱。

后来过了一段时间，我北上北京，他离职。再后来，我又得到了他的联系方式，得知他那个时候还赋闲在家，我打算替他想想办法。

我说，你做份简历我看看吧，我帮你推荐推荐。

他笑呵呵地答应了，第二天就把简历带来给我。我看完他的简历后有点儿惊讶，因为我没想到，在这个考证年代里，还有一个人的简历会如此空白。

我问他，你该不是不想找工作，随便写两笔敷衍我吧？

他摆摆手：“哪儿能啊，我真想找个好工作，但这就是我的真实情况，我也不能弄虚作假啊。”

我倒是知道，他从我认识的时候开始，就是个“透明人”。

他在学生时代的成绩不拔尖，但也不特别差。他性格很随和，不争强好胜，也不懦弱无能。最后，他什么标签都没有，甚至连绰号都没有一个。

对于这样的人，似乎除了“平凡”二字，我也没有别的字眼儿能概括了。

他是平凡的，而且也甘于平凡，他觉得平凡是人的最大美德。如果你大富大贵，就是不平凡，甚至是不老实。

我还记得他当年对我说的话：“现在的有钱人，有哪个没违法过？你要是老老实实的，就不会成为有钱人。”

因为实在没有办法推荐，我给他找工作的事情就不了了之了。

后来，又过了几年，我和他又联系上了。

在电话里，他对我说：“谭老师，我现在在一家信贷公司做文员，每个月能拿四千块钱。因为我是个临时工，公司没有给我上‘五险一金’。但是没关系，就这么普通点儿挺好。”

在电话里，我感觉到他对当下境遇的知足，但我却如鲠在喉，又不知道该说些什么。

后来，我们终于在深圳见面了。吃过饭之后，我顺路载了他一程，其间我又一次问他：“你还是换一个工作吧？我有个朋友正好缺一名司机，你开车不是挺好的吗，要不要来面试一下？每个月工资至少有六七千。”

他想了想，笑着说：“还是算了吧，我觉得当个平凡的小职员挺好，起码上班下班的时间都是固定的，我听说当司机随时都要被叫出去，有时候半夜都要开手机等着接电话。”

我也笑了，从后视镜里看着他说道：“当然了，哪有好赚的钱呢。”

他摇摇头说：“那还是算了吧，在哪儿干活不一样啊。我不适合做这种工作，我还是喜欢平凡的生活。”

“你也老大不小了，家里不催婚啊？你就不想赚点儿钱，找个女朋友？”

他一脸懒散地歪在后座上：“如果一个女生只爱你的钱，不爱你的人，那还结什么婚？我这是在等待爱情。”

他跟他前女友在一起四年，分手后，他说她找了一个军官。在聊天的时候，我为他抱不平，可在心里，我却觉得那个女生做得没错。

我对他说道：“让你赚钱结婚，是让你有能力打造一个避风港。不说大富大贵，起码不用担心温饱吧？以后，你的父母也要你去赡养，如果你连自己都养不起，哪个女生愿意嫁给你呢？毕竟她没有义务养着你和你父母吧？何况她还要生养孩子，你作为一个男人，该担当的时候，还是要有点儿担当的。”

他摇了摇头：“我只想过平凡的生活。”

我没有再说话。他可能知道，也可能不知道，他嘴里的平凡，只不过是为贫穷和懒惰找一个借口。因为这个社会总有这样的人，他们把懒惰与贫穷看作简单与平凡，他们会给自己打造一种平凡可贵的错觉，然后荒度一生。

不知从什么时候起，平庸和平凡渐渐画上了等号。很多人都把平庸标榜为平凡。娱乐圈有位朋友问过我：“您说什么叫平凡？”

我告诉他：“平凡就是在寻常的岗位，做出不寻常的工作。碌碌无为不叫平凡。比如咱们昨天叫外卖，送外卖的小哥很平凡，但我看了一下他的资料，竟然是河北某大学的本科生，而且还是外卖员里的冠军。他的岗位和人生很平凡，但却不失败。”

他似懂非懂，我告诉他："谁都知道坐着舒服，就算你一直坐着，也总会有站起来搬砖的一天。这种日子不是平凡，而是平庸。"

忙起来的时候，你会发现自己什么也不缺，空下来的时候，才知道自己什么都没有。

谭飞说：每个拥有梦想的人都会害怕，怕自己最终变得碌碌无为。给自己洗脑"平凡可贵"的，都是逃避奋斗的。

现实不认可学历，没能力的时候要靠态度

大概是十年之前，我在一部戏里面客串一个角色，那天与我拍同一场戏的是徐峥。

其实说是同一场戏，但那一场我和徐峥的戏份都不是很多。徐峥是专业演员，这点工作自然是早早地就拍完了，但我就比较慢了。

当在拍我的时候，我注意到徐峥并没有走，那时我就很纳闷儿，因为一般来说这种串戏的事，大家都是过来帮个忙就走人了。但徐峥没有走，我觉得他是在等谁。等到我都拍完了，他还是没走，一直坐在监视器前面。

我就很好奇，跑过去问他为什么没走。

他跟我说，他是在观察别人怎么表演，并且观察导演是怎么样导这场戏的。

我当时在心里想，这哥们儿以后一定能做导演，而且肯定会是个好导演。而事实正如我预料的那样，一部《泰囧》刷新了国内的票房

纪录，徐峥导演生涯一炮走红。

不知道读者是否注意观察过这样一个现象：我们身边做事的人能够分成两类，这两类绝不是以学历、出身、年龄、智商等来划分的，让我们觉得他们属于两类人的是他们对待事情的态度。

有一些人，你感觉他做什么都是在敷衍，当你有一件事需要找他的时候，你会下意识地提心吊胆，在心里就做好他坏事的准备。

另外一些人，你能够感觉到他们对待事情的认真和专注，他们对待事情的负责程度往往超出事情本身，让我们很愿意把事情交给他们去办。

我想，这个社会上失败者和成功者这两种人，正好对应了上面这两类人。

徐峥毫无疑问是后者，即便是十年前，他也是小有名气的演员，但他对待事情的态度，让人觉得他像一个诚恳的学生。这种人经过时间的磨炼，必然会成长为独当一面的人才，他如果不成功，那真的是没有天理了。

与态度相对的，是现实中对于学历的态度。

我发现这样一个现象，我们中国人普遍存在着几种心态：迷信学历、崇拜学历、看不起学历、抱怨自己没学历。

所谓迷信学历，就是判断人以学历为第一标准。

所谓崇拜学历，就是不断追求学历，而不管这个学历对自己的人生是否有帮助。

看不起学历，是出自一种愚蠢的读书无用论，编造或放大一些高学历、低能力的案例，来证明学历的无用，这类人本身以学习失败者较多。

最后一种是抱怨自己没学历。这种人最多，他们一般都在工作或求职上经历过挫折，然后将这种挫折归咎为社会对于学历的迷信。

我有个朋友，他的孩子两年前大学毕业，因为就读的院校比较一般，所以在找工作的时候遇到了一些困难。

我这个朋友给我打电话，意思是让我帮他孩子指指路。于是，我就打电话叫这个孩子来我的公司。

我先问了这孩子的求职意向。他倒是很诚恳，对我说了几个公司的名字，我一听这不就是行业里最好的几大公司嘛。但以他的学历，确实连简历的第一道关都过不去。

我又问了问他有没有第二选择。他又说了几个名字，也是行业里比较好的公司，但我觉得他可能还是有点儿悬。于是又问了问他之后的备选，他便不再念名字了。

这个时候，他跟我抱怨说这些公司都太势力，按照毕业学校把人分成三六九等。我当时在心里暗想，既然你能把公司分成三六九等，那么公司凭什么不能这样对你呢?

不过，既然是朋友请求，我还是利用关系帮他在一家大公司谋得了一个实习的机会。我想的是先把他送进公司，之后让他用能力留下来。

我期待着他用实力为自己代言，结果等来的却是一个尴尬。

半个月之后，这个公司的副总给我打电话。“谭老师，实在不好意思，您这个朋友的孩子恐怕我们不会聘用！”

这才半个月时间，他到底做了什么让公司对他彻底绝望了呢？其实也没有什么，就是对交代的工作做起来很吃力，入手比较慢。

入手慢是当然的，刚从学校毕业的孩子，有几个有独当一面的能力呢？可是，人最怕的是比。

因为入手慢，公司其他几个实习生每天加班加点地在公司改东西、赶项目，抢着寻找锻炼的机会。而我这个朋友家的“少爷”，正常上下班，今天工作没做完，到下班点就不见人了，明天早上再来继续。

从契约精神来看，这个朋友的孩子没有任何问题，然而，在一群中传、央美的高才生都拼命工作的时候，他一个不知名三本院校的孩子却按时上下班，这无疑让公司觉得很难接受。

当然，我不是说加班就一定对，我只是说，一个人对于自己的工作应该有一种事业的态度。你会因为下班时间到了，就暂停自己的事业吗？

就像当年，没有人逼徐峥在监视器前面看我的表演，但他自己给自己加班，因为他将拍电影看作自己的事业，而不仅仅是一份工作。

这就是我说的，学历并不重要，态度才是最重要的。学历低不可怕，可怕的是学历低还没有一个好的态度，而更可怕的是，比你学历高的人，他们的工作态度还比较好。

曾经有这样一个故事：

一位某重点高校的硕士毕业之后打算求职，他想以自己的学历找一份工作并不难，但他想要做更多的事，于是他采取了另一个方法。

他向一家企业投递了简历，不掏出自己的学历文凭，而是以一个社会求职者的身份应聘进入企业，从最基础的办公室工作开始做起。

这样做了一个月，办公室主任发现他经常帮助其他员工解决一些电脑问题，很多问题甚至是公司维护人员都感到棘手的，于是便找他谈话问他是否学过电脑。

在办公室主任面前，他拿出自己考取的计算机等级证书，主任一看他原来还是个计算机专业人才，于是便把他提升为正式员工。

正式员工当了三个月，主任发现，他在很多方面要比其他员工优秀得多，无论是理论还是操作，他都是办公室里能力最强的，于是主任又对他提出了自己的疑问。

面对主任的疑惑，硕士生拿出了自己的大学本科毕业证，而一番沟通之后，主任又再次升了他的职，让他担任一个小组的负责人。

半年过后，在公司年终考评中，硕士生带领的小组在公司内部业绩第一，而作为负责人的他自然也得到了高层领导的约见。

在高层领导面前，他拿出了自己的硕士学位证书，并在领导诧异的眼光中将自己求职的经历和想法和盘托出。听了硕士生的解释，领导们完全被折服了，马上把他提拔为办公室主任，而半年之后，公司干脆把几个省的业务交给他全权负责。

像他这样遇到求职障碍的高素质人才绝不少见，但有几个人能够甘心放低姿态，“屈尊”去从底层做起呢？

中国国家足球队功勋教练、带领中国男足闯进世界杯的首功之人米卢蒂诺维奇就有一句名言：态度决定一切！

没错，在很多时候，有高的学历并不能说明问题，只有有良好的态度才能够确保你展现出最好的自己。

谭飞说：学历就像通往工作的票，有人手里是客车票，有人手里是火车票，有人手里是飞机票。等你下了车才发现，人家向你索取的是能力，而不是你来时的票。

第二章

比努力更重要的东西叫选择

在这世上，总有人对你的生活制定了条条框框的建议和规矩。建议和规矩的存在，就是为了帮你圈住生活这只猛兽。可是，人们在圈住了生活的同时，不仅制服了它，也束缚住了自己。

别在错误的路上一路到底

“我一开始没想当导演的。入行十年，我今年才算吃上饭。”

《前任》系列的导演田羽生说道。

成都七中是一所重点学校，而田羽生就是成都七中的学生。他是一名理科生，父母又都是做研究工作的，他们压根都不知道中戏。

当时，田羽生说自己想上中戏。田羽生的妈妈以为中戏是唱戏的，觉得儿子不务正业。后来，中戏负责招生的人告诉田羽生的妈妈：“我们这儿出来的有章子怡、陈道明、刘烨……”田羽生的妈妈这才同意儿子报考中戏。

最开始，田羽生打算当编剧，《人在囧途》就是他负责编剧的。他在编剧这一行干了十年，除了《人在囧途》外，他基本没接过单子。直到这两年，一些影视公司才陆续发现编剧的重要性。

田羽生说：“以前一个剧本才 30 万，但你要知道，这个剧本至少要半年才能写完，而且一个编剧团队有 10 个人，每人 3 万。这还没算上项目黄了，尾款追不回的情况，有时候人家就先给你 10 万，写完之后人就没了，你也没办法。”

就像田羽生说的，编剧这一行很苦，而且赚的钱还很少，这是让他始料未及的。而田羽生走上导演之路，跟《前任攻略》系列大有渊源。他给剧组写了一部剧，就是《前任攻略》。《前任攻略》是发生在他朋友身上的真实事情，他保留了60%，加上一些自己的创作，成就了一部优秀的剧本。

当时，《前任攻略》找不到能拍的导演，只能由他自己当导演。田羽生这才走上了导演之路。当时，他还给自己的电影定下了目标：如果票房到不了30亿，他就不当导演了，回归自己的老本行。

可以说，田羽生是被自己逼着一步一步走向成功的。

如果他放弃了当《前任攻略》的导演，一心只想干编剧，也许《前任攻略》不会如此有味道，也许田羽生也不会声名鹊起。

娱乐圈有太多人，都选择在错误的路上一走到底。有些演员抓不准自己的定位，一直接一些不符合自己“人设”的角色，这也是不行的。

演员定位对演员非常重要，尤其是一个新人。

定位就是一个演员要找对自己发展的方向，也就是说自己适合什么，就去演什么。

现在，娱乐圈里大部分的专业演员都认为，一个好演员就是能塑造各种形象，各种性格的人物。当然，这句话说得很漂亮，而且从演技的方面谈，这句话是完全没有问题的。但不可否认，一个演员的表演要受他外在形象的限制。

举个例子，如果你的形象是横眉竖眼、五大三粗，那你就不适合演一个温文尔雅的翩翩君子。即使你的演技能让你把这个人物演出来，但你也不会给观众带来好的体验。

相反，如果你是一眉清目秀、风度翩翩的谦谦君子，导演不可能让你去演一个莽夫或者江洋大盗。如果你说你能把这种人物的性格和神态演出来我信，不过在观众的眼里就不是那么回事了。

大家都熟悉任泉，他在2000年出演了古装剧《少年包青天》中公孙策一角，然后迅速走红，还获得了中国电影节韩国人最喜欢的中国男演员奖等，可谓红极一时。

但是，他在演员这条路上后续乏力，于是另辟蹊径，开始从商。他的“蜀地传说”火锅店，已经成为全国连锁店，在商场风生水起的任泉，拿着赚到的钱又一次杀回娱乐圈。他成立了自己的工作室，以投资影视剧为主，转做幕后，当起了老板。

有多少人因为不甘心之前的付出，哪怕知道是错的，也要坚持到底，最后只碰得头破血流，满身伤痕，甚至还赔上了自己的一生。这是你想要的结果吗？不要因为一个错误而浪费了自己的一生。人生只有短短几十年，不要因为曾经的付出而耿耿于怀，舍不得放手。过去的已经不能再回来，你能把握的是现在和未来。不要为打翻的牛奶而哭泣，舍得放下才能重新开始。

我们有时候总是喜欢追求一个结果，总是觉得付出一定要有收获才能甘心。可是生活不是等价交换，错误的付出注定要付诸东流。坚持需要很大的勇气，有时看到自己的错误，修正自己的方向需要更大的勇气。那些跑在前面的人，不仅仅是因为他们跑得快，也不仅仅是因为他们一直在正确的方向上，还因为他们“刹车”也快。在不知道方向的时候，他们会即时“踩下刹车”，直到找到正确的方向后才继续前行，而不是在错误的道路上盲目地前进，最后离目标越来越远。

提起诺基亚手机，估计很多人都用过。从 1996 年开始，诺基亚手机业务连续十五年获得全球市场份额第一，这是多么辉煌的历史。2003 年，一款经典机型在全球累积销售 2 亿台，直到今天这还是一个神话。但是现在只能在老年机中才能看到诺基亚的身影。虽然诺基亚的衰落还有很多其他的原因，但是一直坚持要做塞班系统也是导致它衰落的原因之一。

以前诺基亚手机满足了市场的需求，所以获得了很大的成功，但是这些不是一成不变的。随着时代的发展，曾经成功的基础已经不能满足现在的需求，如果还不去变革创新来适应新的需求，那么只能迎接被市场无情抛弃的命运。不过，诺基亚终于意识到自己的错误，重整旗鼓开始了新的历程，也许未来，我们会看到诺基亚的王者归来。

没有谁对未来的方向总能判断准确，错了也不是世界末日，从错误中汲取经验教训，努力让自己对未来把握得更加准确，就能从容地通往下一个地方。不要用过去的辉煌和付出来绑架未来的方向，不要害怕自己停下脚步就会被别人超越，快和慢只是相对而言，有时慢就是快。让生命不要出现太多的错误，保证自己走在正确的道路上，只有在正确道路上的坚持，才会最终获得收获。

谭飞说：坚持是一种美德，但当你所坚持的东西是错误的时候，这种美德就变成了愚蠢的固执。

放慢脚步，问问自己到底想要什么

西汉著名史学家、文学家司马迁在《史记》的第一百二十九卷“货殖列传”中说道：“天下熙熙，皆为利来；天下攘攘，皆为利往。”其意是说天下人都渴望利益，人们为了利益蜂拥而至，也会为了利益各奔东西。

这句话点透了芸芸众生的渴望，司马迁不愧是大家，他清楚众人想要什么，也清楚自己想要什么。这才是最难得的。

在夜深人静的时候，你跟自己聊过吗？问过自己这辈子究竟想要什么吗？

很多人觉得矫情，觉得这么问有些形式了。其实不然，这是很重要的问题，每个人都至少要问自己一次：我这一生，到底想要什么？

这种事得出答案后，不用告诉别人，不用发朋友圈，自己知道就好。

你问问自己，想不想买好车？想不想环游世界？这肯定没有人不想吧？既然想，那为什么不去做呢？

有人说我不喜欢。我说，如果你能在家什么事都不做就有充足的钱花，想买车就买车，想旅游就去旅游，那恭喜你，你可以合上书，然后继续发呆下去了。

如果你不能，那么请继续看下去。

接着问问自己，你正在做什么？如果你现在做的事，并不能实现你的人生目标，买不到车，也买不了房，更不能去环游世界，那就再问问自己，五年之后，你还会跟现在一样吗？

最可怕的不是看不到未来，而是一年盼着一年好，年年还是破棉袄。

有人说，我天天也忙得很，怎么还穿破棉袄呢？这就是我本节要讲的内容：因为你正在做的事情，与你的目标无关。

很多人说，我走到今天这一步，是因为当初选错了方向。

可以，你这个理由我无法反驳。因为我承认，你今天的生活，是你三年前的选择导致的；但你也要承认，你三年后的生活，取决于你现在的决定。

对二十五岁的人来说，你想二十八岁还拿现在的工资吗？对二十七岁的人来说，你想到三十岁还默默无闻吗？很多人说，所谓成功很简单，就是“做”出来的，而非“坐”出来的。

这句话说得很巧妙，但我却要加个前提：所谓成功，就是在正确的方向“做”出来的，而非“坐”出来的。

很多时候，我们追求了一辈子的东西，都是为了满足父母、老师、恋人、孩子等的期望。我们渴望在他们的眼神中获得认可，似乎他们对自己的指望，就是自己存在于世界上的意义。

然而，这些从外部求得的成就感，就像雨后的彩虹一样，虽然让大家都很喜悦，但却极容易失去。我有不少朋友都开始产生中年危机，此中原因就是外部的成就感和荣誉感渐渐消失，他们没有追求到自己真正渴望的东西，所以发自内心地感到空虚。

可人生只有一次，又怎么能重来？

有位知名的电影制作人罗科·贝利克，他制作过一个有关《幸福》的电影，为了这部电影，他去了莫桑比克的难民营，还采访过美国纽约郊区的中产阶级人士，以及他的好莱坞导演朋友沙迪亚克。

在这过程中，他发现美国的中产阶级并不比莫桑比克的难民更快乐。他说，好莱坞有很多明星，漂亮、健康、幸运又才华横溢，但他们的幸福指数都很低。罗科·贝利克总结道，当人们花去大量时间去做并不能真正让自己开心的事情时，哪怕过着再昂贵的生活，也是很难快乐的。

罗科·贝利克总结得很到位，因此，我们需要经常提醒自己：眼前的生活真的是我想要的吗？当你拿到钱时，问问自己：我做这件事情的真正目的是什么？如果拿不到这些钱，我还会觉得幸福吗？

有些人说：我连自己都不了解自己。或许吧，人生有很多问题是不容易找到答案的，你在面临选择时，可能会感到困惑甚至沮丧。但如果你靠自己找到答案，你就会发现人生变得顺风顺水，事半功倍，你会感受到前所未有的美好。连平时司空见惯的事物，也将因为你正确的选择而迸发出激情与火花。

马云说，你的人生在二十岁的时候没钱很正常；在三十岁没钱，也有可能，因为你的家境可能不是很好，需要更大的努力；但到四十岁的时候还没钱，只能在自己身上找原因。

有的人说："我没有喜好，赚钱就是我想要的。"这不奇怪，因为人各有志，钱本身不是坏东西，大家都想要。但君子爱财取之有道，我们应该选择更适合自己的赚钱方式。

在我看来，人生赢家就是对现状很满意，对未来有信心。所以，规划未来有三个问题很重要，第一个是："我要到达什么地方？"第二个是："我应该如何到达那里？"第三个是："我该如何确定已经到达那里？"

人生只有懂得自己要去往哪里，才能知道自己应当学会什么，才知道自己应当做什么，也才能确定如今的境遇是不是自己想要的。这三句话不仅适用于人生的规划，也适用于人生的各种选择。

当你迷茫的时候，不妨放慢脚步想一想：你究竟想要什么？

谭飞说：别等到八十岁，才发现这辈子活得虚无。

最怕你的努力，用在了错误的地方

人在前进的道路中，真的很容易受到诱惑。就像亚当和夏娃一样，看起来很美好却不适合自己的路会让我们迷路，越走越累。

有人说，人生最悲哀的是止步不前。其实不然，在我看来，人生最悲哀的，就是历经千辛万苦走了很远很远，走到最后才发现这条路不是自己想要的。人生是一次性的旅途，它没有多少机会供你重新选择。

当然，很少有人每一次都能做出对的选择。大部分人都要多走很多弯路，甚至是一条不归路，这一点真的很可怕。

圈里有不少人跟我抱怨，他们当初爱这一行，于是想通过爱好来赚钱，却最终连爱好都失去了。我说："有人一下就能够活到点子上，但这种人很少；还有的人活了一辈子，却不知道自己是怎么活的。"

娱乐圈一位朋友问我，怎么才能活到点子上。

我告诉他："如果这辈子能活到点子上，一定要注意三大要素：

第一，要有一个特别喜爱的事情，且这个事情能养活你；第二，对金钱不要有过分的贪欲；第三，有一个确定能相伴终生的爱人。”

他说，这三点看上去很容易。我说是，说起来很容易，但很多人终其一生，却连其中一项都做不好。

如果最初的方向错了，却不自觉，那无论你如何寻找，如何努力，如何费尽心机倾其所有，都是无济于事的。所以，最开始选的方向很重要。

如果你在做事的开始就没有选对方向，在一路奋进的过程中又没有停下脚步反思，那就会白白浪费你的时间，白白消耗你的精力。如此南辕北辙，不但做不成事，还会让你与最初的目标相差千里。

方向错了，就不会达到我们想要的结果，就不会成功。

我们熟知的“小岳岳”岳云鹏，在成名之前一直在为了生活努力。他喜欢说相声，也喜欢语言艺术，但在他遇到郭德纲前，可以说他的努力都用在了错误的地方。

岳云鹏说：“那时候我经常被开除，我就纳了闷了，为什么就能开除，比如说后厨，我蒸东西，那蒸锅是我天天蒸，时间长了也做得挺好，厨师长的小舅子相中我那个工作了，没有理由。”

为了养活一家子，岳云鹏去扫厕所。他回忆道：“男厕所、女厕所，天天刷，多脏我都见过。没关系，这是我的工作，我拿着这份钱呢，没关系。老板去了，老板喝多了去了，男的嘛，男厕所。当时我正在女厕所搞卫生，他吐了，我第一时间没看见，然后他出来没看见我，他说喝多了，他就把我叫过来，说你是这儿搞厕所的？我说是。走、走。我说为什么？我觉得挺冤的，为什么？我正在搞卫生，我没有闲着呀。他说我吐了，你没有第一时间处理，走。”

无奈，他只能再换一家工作，去餐馆当服务生。

在老郭手下训练，小岳岳甘之如饴，但当服务生的经历，可以说是小岳岳最痛苦的经历。

岳云鹏说：“做服务员，啤酒写错了，包三包五写错了，人家就不愿意了。我说我给您打五折，不行。骂我，各种侮辱我。不行，我说我给您打一折，不行。我说我给您免单，352 块钱我掏了。多少年了，352 块我还记得。”

一提到这件事，小岳岳就很难受，他直言想见见这位大哥。倒不是为了报复他，只是想问问，为了几块钱的啤酒，至于这么侮辱一个服务生吗？

“我还是恨他，真的。春晚都上了，你是一个演员了，你挣的比原来多了，《面对面》节目这么深度的节目采访你，你应该说实话。你应该怎样，你不应该恨他了，你应该感谢他。曾经怎么样，如果没有他，你不会被开除；没有他，你不会认识郭德纲。我还是恨他，我特别恨他，到现在我也恨他。凭什么？我都给你道歉了，我什么好听的话都说了，你还这样。”岳云鹏有些无奈。

确实，小岳岳遭遇的事情让人唏嘘。他不是不努力，他比谁都要努力，只是他的努力，用在了错误的地方。

你有相声的天分，你有唱歌的天分，为什么不往这方面发展呢？去扫厕所，去餐馆当服务生，对你的前途又有什么好处呢？

诚如小岳岳所说，他很努力了。不管哪份工作，不管在哪里工作，他都是兢兢业业、勤勤勉勉。但如果你选择的方向错了，就好比我们饿着肚子要去吃饭，结果却一直往杂货店走。本来想学养殖方面的知识，却去看了菜谱之类的书。那样，无论怎么努力，也都不会得到我们想要的，反而会在没用的事情上浪费时间。

方向真的很重要，我们做的每一件事情都有自己的方向；我们去的每一个地方也都有它的方向。人生也有方向，人生的方向就是我们行事的作风，与待人接物的选择。如果方向错了，我们是很难走到终点的。

所以，把握好自己的方向，选择好自己的方向，才是让人生顺风顺水的重要标志。选择方向，我们有前人的经验教训和总结，我们有自己做事的权衡。方向对了，我们才能到达我们预想的终点。

谭飞说：你背对着目标走，走了一阵子，觉得自己不够努力，于是开始跑。然后，你就离成功越来越远。

别盲目，他的光芒并不适合你

大千世界，芸芸众生，每个人都是独一无二、不可替代的。即便你再平凡，也总有属于自己的独特魅力，就像夜空中的繁星，不管是明是暗，不管是大是小，每一颗都能绽放出自己独特的光芒。

但总有星星羡慕北极星的闪亮，羡慕天狼星的独特，羡慕北斗七星的造型，一辈子活在别的星星的光芒下……

其实何必呢？

每个人都有属于自己的光芒，没成功，只是因为你还没找到适合自己的路。有人说，对自己有信心又能怎样？有信心也未必会赢。

是啊，但别忘了，没信心一定会输。如果你连一点自信都没有，就会一辈子沉沦在平凡之中。

各位都知道徐峥，最初火遍中国，是因为他参演了《春光灿烂猪八戒》，饰演了那只憨厚可爱的“猪”。但大部分人都不知道，在这部剧拍摄的时候，由于前期的投资人并不看好这部“无厘头作品”的市场，投资方承诺的投资迟迟没有兑付。

要知道，没有钱，电视剧就没法儿拍。当时，剧组面临弹尽粮绝的局面，导演也对外发话："谁给拉来投资，谁就演主角。"当时，圈里还没那么多"潜规则"，"拉赞助演主角"的做法也一度被贬为"势利眼"。

可徐峥却拿出自己的全部积蓄找到导演，把存折拍在桌子上："我要演猪八戒，这是我所有的积蓄，够不够？"

徐峥之前是演话剧的，他很认真地看了一遍剧本，"虽然剧情比较'弱智'，但猪八戒这个人物的确非常适合我，并且这部剧的投资不多，即便收视率惨淡，收回成本的压力也不大"。

当时，徐峥的朋友都觉得他疯了。但是电视剧播出后，却出现了大反转，收视率超过了所有人的预期。徐峥拿到的分红，超出片酬的一倍还多。同时，徐峥还跻身国内一线喜剧演员行列。

这是很现实的问题，如果你没有任何付出，想要一夜走红，基本是不可能的事。

其实,每个人都有属于自己的光芒,只要你找对方向,不断追求超越。

就比如日本的少年都很羡慕世界闻名的指挥家小泽征尔，于是纷纷报名去学指挥，结果学到一半，才发现自己并不适合指挥家之路。

这些日本少年中，可能有未来闻名世界的小提琴家，也可能有让世界都为之疯狂的作曲家。但是他们都被小泽征尔的光芒迷住了眼，踏上了不适合自己的指挥家之路。

他的光芒只是因为成功了，如果你在别的领域成功，一样可以光芒四射。古希腊的德摩斯梯尼天生口吃，但他始终坚信，他可以成为一名辩论家。于是他在严酷的条件下，嘴里含着石子说话，一次又一次地磨砺自我。德摩斯梯尼不仅矫正口吃的坏毛病，还同时强化自己的心智。最终，有志者，事竟成；苦心人，天不负。他成了一名伟大的辩论家。

所以说，人们不要被他人的光芒及自己短暂的黯淡消磨了意志。只要做最好的自己，就能绽放出璀璨的光芒。

对于被他人光芒遮住眼睛而不能认清自己的人，不能成功还不算，有时候甚至还会身败名裂。

历史人物的例子颇多，比如三国时期的杨修恃才傲物，认不清自己的身份，随意揣测曹操的心意，最后被诛杀于阵前；项羽乌江自刎，在临死之前都没有认清自己的过失在哪里，一直喊着“天亡我也”；韩信对自己的身份没有一个正确的认知，最终成也萧何败也萧何，留下“未央宫斩韩信”的感叹；还有南唐后主李煜……

这些历史人物都是因为没有对自己有个正确的认知，不能认清自己，正视自己，导致千古遗恨。要知道，每个人都有自己的光芒，如果盲目追从他人脚步，最后只能适得其反。

就像我们熟悉的演员孙红雷一样。大家都知道，他演过《征服》《毒战》《男人帮》《潜伏》《全民目击》《好先生》等。

孙红雷在刚出道的时候，正好国内开始流行警匪剧。孙红雷有些匪气的外表，加上一口东北口音，他参演了许多黑帮人物。比如《永不瞑目》《背叛》《浮华背后》等，一步步混个脸熟。

那时候，孙红雷就是以演技好著称演艺圈。当时，他给人的印象就是“虽然长得丑点儿，但演得还不错”，比如《像雾像雨又像风》的“阿莱”，就是配角抢风头的典型案例。

现在有的演员，看的人比演的人更尴尬。很多演员不懂什么是演技，也没有很强的代入感。要知道，代入感极强的演员，能让观众混淆角色和演员，如王刚与和珅、李明启与容嬷嬷、冯远征与安嘉和。

孙红雷的作品形象一向是狡猾专横、阴郁狠辣的坏人。他演坏人能坏到极致，让观众印象深刻。当然，他也演过硬汉，演过耿直刚硬男等。

他的外在形象决定了他的角色，如果某个导演想让孙红雷演奶油小生，演青春偶像剧，相信就算他的演技没问题，但也会给观众带去怪怪的感觉。

认清自我，不要被外界的诱惑迷了眼睛，不能好高骛远，也不要妄自菲薄。每个人都有自己的道路，也要学会发现自己的光芒。这样才能发挥优点，弥补不足。只有真正地认清自己，才不会被别人的光芒晃花了眼，才不会在人生道路中迷失自我。

谭飞说：酒厂的儿子，靠卖酒变成了百万富翁。你眼馋，也开了一家酒厂，结果赔本了，为什么？因为你根本不懂做酒。

选择，要先确定你能承受的范围

《功夫熊猫》里有句话，叫：“如果你只做力所能及的事，你将永远不会进步。”

这句话毁誉参半，所以我对其稍稍做了修改：“做超越自己，但同时又能承受得起结果的事。”

我最看不惯的，就是娱乐圈开撕的现象。

要知道，明星在大红大紫前，总会遇到贵人提携，尤其是那些非科班出身的明星。他们之前没在娱乐圈混过，也没有经过正式的演技训练，在娱乐圈更是半个熟人都没有，资源很少。因此，贵人对他们就格外重要。

草根明星崛起之路，一定有一关是遇到贵人。千里马也要有伯乐才行。草根明星没权没势没资源，想红，就一定要找到一棵大树。

大家都知道，这两年的流量小生王祖蓝，他的贵人就是曾志伟。

从《72 家租客》《我爱 HK 开心万岁》《笑功震武林》到《吉星

高照 2015》，都是王祖蓝与曾志伟合作的。曾志伟对王祖蓝赞不绝口："他是第一个我一手提拔起来的，他是表演科班出身，既用功又有天赋，将来可能比我还厉害。"

王祖蓝羽翼渐丰，但他对曾志伟仍然尊敬有加。王祖蓝说，自己在《奔跑吧兄弟》里，其实有很多招数都是跟曾志伟学的。

王祖蓝说："他教我重要的不是一对一谁赢，而是怎么把游戏带出惊喜感。"

曾志伟真是把王祖蓝当成亲儿子，王祖蓝结婚时，曾志伟坦言感动得像自己儿子娶媳妇。曾志伟说："我在后台看电视已经哭了，有话题性就最好。汪明荃、郑裕玲都哭了，简直是水淹一场。做节目最开心是将最真的一面带给观众，现在香港需要多些喜事来冲喜。"

而对王祖蓝的表现，曾志伟发自肺腑地说："我觉得他真的当观众是父母一样地对待。祖蓝这个人对老人家非常尊重，还有敬老的心，这个也是我以前比较看重他的地方。"他甚至表示，"如果他当我的女婿，我觉得他会是一个不错的女婿。"

就像曾志伟是王祖蓝的贵人一样，乔杉和修睿的师父是刘流。刘流就是"刘大脑袋"，乔杉跟修睿在喜剧方面的功夫和资源，大多都是刘流拉给他们俩的。诸如此类的还有赵本山带小沈阳，郭德纲带小岳岳等。

当然，跟以上几位的和谐不同，娱乐圈也有很多年轻人，刚一走红就想单飞，甚至通过跟自己的"贵人"开撕来博取眼球，这是我非常看不惯的一点。

当你还没有出名的时候，要选择把自己依托在树下。大树下面好乘凉，资源也多，选择也多。所以，人要学会感恩。

前段日子，娱乐圈有些人通过微博发表了好几篇很长的文章，还贴出了一些不算证据的图片，去攻击昔日的恩师。这让我很是反感，你写这么长一篇文章，好像现在文笔不好的，都没资格在娱乐圈吵架一样。

要知道，日子久了难免磕磕碰碰。如果你想走，可以好聚好散，可以谈条件，但是不要撕破脸，毕竟对方有恩于你。

很多时候，大家都是凭着头脑一热去做选择，被其他人的想法控制了思想。这时候，你要做的就是把思想控制住，让其受你自己的掌握。你要问清楚，自己究竟想做什么，可以做什么，不可以做什么。

当你把这些全问明白后，就可以给自己的行为定下一个准则。你要利用这个准则来强制要求自己，到底该做什么，不该做什么等。

不可否认，要控制自己的思想并不是件容易事儿，在进行活动的过程中，人们会时不时地问自己，我不跟风到底对吗？然后渐渐又失去了对思想的掌控。

这时候，就要检查自己的行为，思考自己的得失，让理性帮助减轻冲动造成的激进心理。这样才可以重新夺回对大脑的掌控权，让自己的选择更加理性。

比如说，有的孩子正在学习，但看见有同学打游戏，于是立马控制不住自己。可能他在内心也犹豫过，但很快就被各种理由说服。

比如有的人知道，连续上网时间太久，会对身体带来很不好的影响，但还是不能控制自己拒绝网络的诱惑。

再比如，有的人知道小偷小摸是很不好的行为，但还是被物欲击败，最后成为惯犯。

所以，在进行选择之前，一定要学会控制自己的思想，不要盲目跟风。人，如果不能确定自己的承受范围就跟风做事，后果一定不堪设想。

如果你遇到了贵人，就算羽翼丰满，也不要跟贵人成为敌人。当你幸运地得到贵人提携，而你的贵人却身陷囹圄，或你比贵人成长更快时，你们之间的关系就会变得微妙。

虽然你们的身份、职位会出现反差，但你也要保持谦逊的态度，保持风度。不要让别人觉得你是个忘本的人，不要“忘恩负义”。

所以，当你的思想开始动摇的时候，一定要夺回思想的控制权。只有这样，我们才能事半功倍。

> 谭飞说：你可以去超越自己，但要保证超越之后，你仍然是自己。

别激动，那真的是你想要的东西吗

当人生处在二十岁时，每个人都觉得自己简直处在人生巅峰。恰同学少年，风华正茂，书生意气，挥斥方遒。但现在回头看看，其实二十岁时的成就根本就不算什么。但那时，人生满足。

套用一句流行语：我觉得自己会永远生猛下去，什么也锤不了我。

值得庆幸的是，我特别清楚我想要什么样的生活，想成为什么样的人，我很明白自己想要的是什么——我都想要最好的。这样的想法也导致我对人对己都要求严苛。

当你处在人生低谷时，会觉得整个世界都是黑暗的。可回头看看，其实这些挫折也都算不得什么。很多年轻人都只知道自己不想要什么，却不知道自己想要什么。

《像我这样笨拙地生活》里面有一句话："轻易听信别人告诉你的，让禁忌阻碍你的视野，给自己定下条条框框，过约定俗成的生活，我把这叫作二手生活。"

从小，很多家长都会告诫自己的子女，你应该过一种什么样的人生。但人生是一种很可怕的东西。大部分人的人生看起来都很相似，却各有不同。即便我一直模仿成功人士去生活，我照着他的一举一动复制，也会过出完全不一样的人生。

所以，很多年轻人开始对生活大失所望，觉得自己的梦想和生活没办法和谐相处。

《新不了情》是我很喜欢的一部电影，里面有一句经典台词：我觉得生命是最重要的，所以在我心里，没有事情是解决不了的。不是每一个人都可以幸运地过自己理想中的生活，有楼有车当然好，没有难道哭吗？所以，我们一定要享受我们所过的生活。

娱乐圈是个大染缸，圈内圈外的人都这么说。当然，这句话不无道理。明星的圈子很大，每天睡眠和娱乐的时间很少，且承受的舆论压力也很大，大部分明星都需要通过一个渠道缓解、释放自己的压力。

在这种情况下，他们没时间用音乐、运动和读书这样的常规方式疏导，只能通过一些特殊途径去排遣。“黄赌毒”和抑郁症是娱乐圈常见的现象，有些个别明星也会沾染。因为他们的精神压力特别大，结果就是害人害己。

相信这些排遣方式都不是明星自己想去沾染的，但是他们没有勇气拒绝，也没有更快捷的途径。在娱乐圈里洁身自好的人不少，但大部分都选择随波逐流了。不是他们心甘情愿这样，而是他们没有勇气选择自己想要的生活，也没有勇气改变自己的生活。

很多人在初入娱乐圈时，都干净得像一张白纸，但他们在娱乐圈待了一段时间后，也都选择变成失去勇气的“老油子”。

几乎每个励志的电影或广告里都有关于勇气的台词。其实勇气有多重要大家都知道，勇气能改变一个人，重塑一个人。不经历摸爬滚打，是不会找到自己想要的生活的。所以，失败或者重新选择并不可怕，可怕的是畏首畏尾，没有勇气，不敢尝试。

电影《志明与春娇》里有一段台词：有些事不用一个晚上都做完，我们又不赶时间。一个人在很赶时间的时候，总是容易出错。去超市买一瓶饮料，随手拿的也许会很难喝。要去面试，把衬衫扣错了扣子。在陌生的地方赶车，坐错了目的地。

其实，我不知道有什么事情是来不及的。是一分钟后，午休时间就要结束还来不及吃掉的面包？是刚跑到门口却关起来的车门？因为上班堵车迟到，而晚了一分钟打的卡？这些无疑是特别容易让人不甘心的事。可是，这些说白了，不也是因为自己没有做好准备吗？

因为没做好准备，所以惊慌失措地错过了。可当有一天，你不再害怕错过的时候，也许就不会再害怕选择了。与其一味前行，倒不如停下脚步，问问自己，这种生活真的是你想要的吗？如果不是，你敢不敢改变这种生活？

在这世上，总有人对你的生活制定了条条框框的建议和规矩。建议和规矩的存在，就是为了帮你圈住生活这只猛兽。可是，人们在圈住了生活的同时，不仅制服了它，也束缚住了自己。

既然人生只有一次，那干脆就让这只猛兽追着你跑吧。也许你会觉得奔跑很累，但这奔跑着的时光，不正是你梦寐以求的自由吗？

这个世界很大，在你想奋力奔跑的时候，它永远足够宽广。只是别忘了偶尔停下脚步，问问你究竟想要什么样的生活。

> 谭飞说：当你决定孤注一掷时，不要想成功后的辉煌。先想想如果失败，结果你能承受得起吗？

走点儿弯路，并不耽误你的成功

在我的老家四川，很多地方都修有那种盘山路，那是因为崇山峻岭不好走，以前的人没有办法，只好盘山凿路。

后来，我老家也修起了高速公路，因为技术越来越先进了，能架桥能凿洞，高速公路也能建得笔直笔直的。不过，第一次在高速公路上开车的时候，我并没有看到想象中那种笔直笔直的路，我看到很多地方明明可以修成直路，但偏要拐出一个个弯子。

再后来，走的地方多了，我发现即便是在大平原上，高速也没有建成笔直笔直的。这是为什么呢?

这个问题一直存在于我的脑海里，直到有一天我遇到一个筑路专家，听了他的解释我才恍然大悟。

原来，如果修笔直笔直的路，从驾驶员心理和生理角度考虑，会出现很多问题。

比如，直线段长度过长，路线过分单调，会让驾驶员情绪压抑，容易引发危险。而且，直路参照物比较少，不利于驾驶员判断车距。

而如果把路修弯一点儿，虽然在工程上是稍微费了点儿事，但却保证了安全。所以，有些时候，绕个弯子非但不会影响到最终的目标，还能给你的旅途增加一份保险。

我记得有一次和演员赵立新聊天，聊到他当初在风头正劲的时候却选择了出国留学，很多人都不解，但我却非常理解他的选择。有些时候，人看似走了一些弯路，但其实是给人生充了电。

想一下，如果没有当初那么长时间的留学，没有那么长时间学院派的打磨，何来今天这个厚积薄发的赵立新呢?

孔子说，“欲速则不达”，对很多朝气蓬勃的年轻人而言，让他们耐下性子来等待恐怕是最困难的事情了。然而这也是他们进入社会中所要学习的重要一课。

饭要一口一口吃，事要一件一件办，一气呵成自然是我们的追求，然而真实的情况却是没有什么成就能够在一夕之间完成。只有耐得住性子、熬得过时间的人，才能够最终脱颖而出，蜕变为成功者。

乌龟为什么能够战胜兔子?是因为它跑得比兔子快吗?当然不是，是因为它有足够的耐性。

然而不幸的是，在我们身边能够这样看问题的年轻人却越来越少了，现在的社会上，无论什么都讲究速成。

十几天学会一门外语、半年掌握推销全部技巧、三十岁之前成为百万富翁，类似这样的豪言壮语在我们身边越来越多，但真正做到的却寥寥无几。

很多人在这样的速成面前变得越来越浮躁，越来越焦急，最终也迷失了自己。十几天过去一个单词也没背下来，半年下来一笔订单也没做成，三十岁到头还是孑然一身、一无所成。

所以说，快未必是真快，弯路也未必是真弯。这句话听起来似乎很有禅意，它也确实是出自一本佛经上的故事。

大概是《百喻经》上，曾经有过这么个故事：

某天天色渐暗，一个下乡卖橘子的小贩，想赶在城门关上之前，赶到前面的一座城中驻足，但又不知道路程有多远。

于是，小贩便拉过来旁边一位路人，向他打听自己要什么时候才能到达那座城。

路人看了看他回答说："如果你慢慢走，关门之前能到达。但如果你走得很快，就到不了了。"

小贩感到很奇怪，怎么走得慢能到，走得快反而到不了呢?

他以为路人是在消遣自己，于是没有理会路人的话，挑起担子就大步地跑了起来。

然而等他一跑起来才发现，因为路很陡，担子晃得非常厉害，不断有橘子从担子里被颠出来。

小贩没办法，只好停下来捡橘子，然而因为捡橘子耽误了时间，小贩就要更快地跑。但跑得越快，掉下的橘子就越多，小贩不得不停下来捡橘子的次数也越多，时间也就越来越不够用。

最终的结果可想而知，小贩没有在城门关闭之前赶到，只好在城外过了一夜。

再好的补药，也不能一切都吃；再大的丰功伟业，也不是一天能够完成的。你要一夜之间把自己练成钢铁侠，那最终只会把自己弄成钢铁渣。

所以，希望我的读者们明白这个道理：适当的时候，给人生一点儿弯曲的机会，让你的人生能够慢下来。

十几天固然学不会一门外语，却能够记住几百个单词，这样的十几天再多一些，这门语言你也就掌握了。

三十岁成为百万富翁并不现实，但你却可以用三十岁之前的岁月为自己的事业打下基础，当基础打好了，百万富翁离你也就不远了。

所以，无论什么成就，终归是一个耐心的问题。没耐心，哪怕你的初速度再快，也不过是三分钟热度。

谭飞说：你总是想用跑百米的速度去跑马拉松，那么，你的马拉松最多也就 100 米而已。

第三章

最怕低配的肉体，承载不了高配的灵魂

如果没有行之有效的计划，没有行动力，一味靠在脑子里用功注定于现实无益。只有脚踏实地地做事，才能迎接最好的自我。

别让你的奋斗，只能存活在朋友圈里

我算是一个比较爱发朋友圈的人，平时会转载一些文章，发一些文字，记录一下生活和回忆。

不只是我，我身边的朋友也喜欢发，尤其是年轻的朋友。虽然大家见面的次数并不算多，可因为有了朋友圈，对彼此的情况也能略知一二。

时间久了，朋友圈就变成了一个记录表，满载我们生活的轨迹，也像一面镜子，反映出大家的点点滴滴。

但朋友圈反映的内容也不完全是真实的。

我有位朋友，是一个进入娱乐圈有几年的年轻演员。她总是说自己非常努力，每天都在学习、在进步。在她的朋友圈里，我能看到她把自己的生活安排得十分充实。

但让她感到焦虑的是，她入行这么久了，事业却没有多大起色。

有一次，我有些纳闷地问她：“你到底有多努力呢？和我说说。”

她掏出手机划着界面给我看：“你可以看我的朋友圈！”

她朋友圈里的确有熬夜背剧本、赶通告这些“日常剧情”，也有去学校听课、观摩艺术家表演这些情节。如果单独看她的朋友圈的话，她的“夜生活”看起来很充实。

这让我不由得想到了高中时期的自己，每天也是这样熬夜学习的。但是我的努力都或多或少地反映在最后的分数上，所以并不能理解为什么她如此努力，却做了无用功。

后来，她的舍友告诉我，她确实每天都学习到深夜，但第二天中午才能起来，迷迷糊糊地刷牙、吃饭，等吃完饭就下午两三点了。然后就又犯困了，睡到五六点，才翻开学习资料。还没看五分钟就该吃晚饭了，等她吃完晚饭，就到了晚上七点钟。在正式开始学习前，她还要刷一遍微博，看几集电视剧。等她真正打算学习的时候，已经是十点以后了。吭吭哧哧地学两个小时，她强忍打架的眼皮，拍了张照片发到朋友圈，算是按时“打卡”。

于是，我告诉她：熬夜不等于努力。真正的努力，从来不需要表演。我说，这个世界上每分每秒都有人为了生活拼尽全力，凭什么你只比别人多发了几条朋友圈，就觉得自己一定能成功？真是想多了。

当然，在朋友圈晒一下正能量的努力没有什么不对，最起码它能够激励别人。这样总比成日在网上吐苦水，发些恶俗的东西影响别人的心情要强很多。

但努力这种东西，是没有必要炫耀的。处在这个年龄段，每个人的压力都会变得很大。每个人都不容易，都在为自己的将来拼搏。因此实在没有自夸的必要。

努力生活，这是我们每天都要完成的课题，普通又日常。就好比一个演员，他每天都发微博，展示自己拍戏的时候有多用心。结果作品出来，他的演技还不如路人，这就很尴尬了。

要记住，或许人们会认可你的过程，也会认可你的结果，但绝不会认可你的吹嘘。

所以，我现在对这种只会在朋友圈里努力的人不抱好感了。因为恰恰是这些在朋友圈里“最努力”的人，才常常抱怨自己“太倒霉”，取得不了什么成绩。

其中的道理再简单不过：第一，你的努力还配不上你想要的结果；第二，你可能还不知道什么是真正的努力。

因为努力并不能确保你成功，熬夜也不能确保你成功。当你陶醉在自己熬夜的“努力”中时，别人有可能正在养精蓄锐，用饱满的精神去迎接第二天的工作。而顶着熊猫眼、头脑昏昏沉沉的你，恰恰浪费了自己最高效的时间。

你白天效率低，一边补觉，一边玩手机；一边浑浑噩噩，一边拖延，直到晚上。这样的恶性循环被你在朋友圈里包装一番后，成了你熬夜努力的样子。其实何必呢？

我有个大学同学，毕业就去了珠海，今年开始回到北京工作。我早就说一起约个饭什么的，但总是被彼此的琐事耽误。直到前两天，我们才算是见了面。

见到她之后，才发现她跟我印象里的形象差不多。虽然时隔七年没见，但她的外表似乎没有太大的变化，只是成熟沉稳了不少。见了面，我们彼此都很高兴，一边吃一边聊，我问她："以前老在朋友圈见你发正能量的东西，现在也不见你发了……"

话还没说完，她就打断了我："那时候清闲，天天没事儿就爱刷个存在感，你看我现在很少发朋友圈吧？因为每天都要学习新东西，工作也忙，根本没时间发朋友圈了。"

说完，她喝了口水，继续说道："我真觉得自己挺低级的，因为我发的那些'正能量'，其实真没有意思。因为真正努力的人根本不会发朋友圈，在现实中默默努力就够了。你看我现在，才努力了半年，工资就涨了两次。"

能看得出来，她对目前的工作很满意。

或许就像她说的，真正的努力并不需要发朋友圈，自己默默奋斗就好了。

明星的微博总被大多数人关注，因此，朋友圈和QQ空间就成了明星们的私密"吐槽"场所。很多粉丝不知道明星做了什么努力，他们总幻想自己的偶像每天用功到深夜。其实，大部分明星确实已经把努力当成最平常的事在做。但还有一部分明星，只是在微博上晒一些干净到没做过一丝改动的台本，就能让一票粉丝尖叫"我的爱豆好努力"！

就拿刘亦菲来说，不少人都吐槽刘亦菲戏路窄，扑克脸，毫无演技。但前段时间，刘亦菲吊威亚拍古装戏的动图曝光了，这可是狠狠地打了一些“黑子”的脸。

动图上，刘亦菲为了维持角色高冷的面容，做了一系列高难度的空中威亚动作，依然保持高冷的面容，同时力求动作如行云流水般完美。

当然，刘亦菲在自己受到质疑的时候，没有出面澄清，而是选择默默努力。

所以，请别让你的努力，只能存活在朋友圈。

谭飞说：如果你的努力只能存活在朋友圈里，那你的荣耀也只能存活在朋友圈里。现实中的你，还只是个不能见光的“屌丝”。

每天早上问问自己，离你的梦想还有多远

梦想究竟是什么？这个问题复杂又简单。

可以说，梦想是阻碍人生飞跃的第一道门槛。确定你的梦想，就像买东西。第一要紧的，是要决定该买什么。

当你上购物网站买东西，却又不知道买什么的时候，一定会先到各个店铺浏览一番。这时候，琳琅满目的商品会“乱花渐欲迷人眼”。在一番精挑细选后，你决定了要买哪样东西，然后跟店家下单。这选中的商品，就是你梦想蓝图的第一步。

如果你不知道什么梦想才算合适，不妨拿出一张纸，在上面写下你所有想做的事，大到探索太空，小到去新开的餐厅吃饭。

在你书写的这段时间里，你就会知道自己梦想的范围。你的头脑里会开始冒出各种各样的声音：这个怎么可能实现呢；这个梦想未免太容易了；这个太幼稚了；靠这个根本养不活自己……

梦想说白了，就是远在天边，却又触手可及的东西。你每天往前

努力一点儿，每天就离梦想近一点儿。

我听过这样一个笑话：某个富翁打算在山上建一座宝塔，用来藏家中的籍本珍玩。工匠来打好了地基，历经一个月，把宝塔的底座修了出来。

富翁来检查工匠的进度，发现宝塔才建了这么一点儿，差点儿把鼻子气歪了，于是问道：“你怎么修建得这么慢？”工匠分辩道：“宝塔要一层一层地建，当然慢了。我这一个月的时间，建了这么一点儿，还算是快的呢！”

富翁想了想，道：“这样太慢了，你直接给我建第七层不行吗？”

这个笑话让人忍俊不禁，却又颇为感慨。这个富翁只想着一步登天，想立竿见影，这怎么可能？每个人都要为梦想制订一份计划，步步蚕食，方能有效。

每天早上起床，不妨问问自己，离自己的梦想还有多远？

比如有人告诉你：“我在 15 楼放了一个苹果。”但实际上，苹果被放在了 12 楼，你很快就取到，并且吃掉了。甘甜的苹果让你有些窃喜，因为你觉得自己占了个大便宜。

第二次，别人告诉你：“我在 12 楼放了个苹果。”这次，苹果真的被放在 12 楼。可你上到 10 楼的时候，就感到筋疲力尽了，最后非常艰难地拿到了苹果。

虽然两次的距离是一样的，但状态却不同。梦想大小不一样，所得的结果也就不一样。

第一次你的目标在 15 楼，你在 12 楼就拿到了苹果，这算是意外收获，所以你不觉得累；第二次，你的目标还在 12 楼，但你并没能在 9 楼或 10 楼就拿到苹果，所以你感到失望并筋疲力尽。

所以，不妨把自己的梦想定得稍微大一些，这样你才不会产生“中途疲累感”。

有时候，你会觉得自己离梦想很近，因为欲望会披上梦想的外衣，迷惑我们。很多时候，人们以为是梦想的东西，其实不过是填补内心空洞的欲望。

举个例子，我身边有不少人说，他们的梦想就是能赚很多钱，能过上有钱人的生活。的确，我不否认这是个梦想，而且在追求有钱的过程中，你可能会感到快乐。但试想一下，当你变得有钱之后，你的内心会满足吗？我的答案是不会，相反，你会觉得自己的人生失去了意义。

仔细探究，你渴望有钱的梦想背后，一定是个未被满足的小孩。这种情况可能是你成长过程中，家庭并不富裕；可能你的父母一直对你灌输“我们很穷”或“你要有钱”的思想；可能是你没有和别人一样的玩具，或者生活一定要省吃俭用等。

父母的教导没有错，却给孩子的内心留下了一个空洞。我希望大家都能看清楚，你的梦想是否为了填补这个空洞。如果是，那在确定梦想之前，请先治愈你自己。

说到底，人生短短数十年，而且不知道什么时候，老天突然跟你开个玩笑，你就提前去报到了。所以，暂时的不如意，以及令人讨厌的环境，都不是你应该放弃的理由。说得通俗点，只要你够坚定，一心追求你所热爱的事物，这些坎儿早晚都能迈过去。

我问一位老友："你前面有一道需要很用力才能跨越的山涧，平时，你都会绕远，选择其他路走过去。但突然，你身后发生火灾或者洪水，或者有毒蛇猛兽追过来了，你必须要跨过山涧才能逃生。你会怎么样？"老友毫不犹豫地说："我保证我能跨过去！"

是的，道理就是这么简单。很多时候，我们不敢做的事，无非是怕亏损，怕失败，或者想保留现有的收获。我们害怕自己在未来的某天会活不下去，会流落街头。每个人都或多或少地给自己留足了后路。可是，正是这些后路让你停止了前进的脚步。

要知道，出众的第一步就是走出庸众。很多人在表现出与众不同时，都会被庸众诋毁、贬低甚至侮辱。这时候，你要想想说你的人，是不是你真正在乎的人。如果答案是否定的，不需要在意其他人的闲言碎语，他们只是你路过的背景而已，还是个糟糕的背景。

这些人在你离梦想远时，不断在你眼前碍眼，他们模糊你的视线，让你看不清梦想；他们变成迷雾，让你的梦想产生折射而变形。但是，当你能够在心理上强大起来，站到高处，你会看到迷雾在你脚下，你看到了远方梦想高山的顶峰，清晰而雄壮。

与梦想零距离时，独善其身；离梦想近时，微笑面对；当梦想距离远时，礼貌地对那些人说："未来很长，还需努力。"

谭飞说：每天早上问问自己，今天打算赚多少？赚不到这个钱，就别让自己闲下来；今天打算减多少？减不到这个数，就别让自己走下跑步机。

路怎么走，问问自己的脚

我身边有位朋友打趣我：“现在都说卖腿不如卖嘴，你说话这么犀利，你成功跟你的嘴有关系吧？”我摇摇头：“你可说错了，想成功还是要卖腿。”

要知道，成功不会因为你的甜言蜜语而来，总有人比你的话更甜。成功只来自你的脚踏实地。

在我的身边，总有许多初入社会的人怀揣梦想，开始拼搏。可当这些刚离开校园象牙塔、离开家长庇护的青年目睹了社会竞争的现实与残酷后，就如同战战兢兢的雏鸟，开始怀疑自己的理想，对人生的目标也随之变质。

于是，社会上涌现出一批浮躁、焦虑的青少年，他们妄想一夜成名、一夜暴富、一步登天。在这种“理想”下，一个个摔得粉身碎骨。

他们或许在言辞上犀利如刀，但实际行动却软弱如泥。他们不能勇敢地向前看，只能向“钱”看，全然不顾脚下是不是万丈深渊。

正如有的年轻人，为了“面子”选择丰厚的报酬，但却没有仔细考虑考虑，自己是否有这份能力和耐力，是否扛得住“丰厚”带来的压力？

在“丰厚”与“可持续发展”面前，很多年轻人因为“面子”放弃了原本有远大前途的工作。他们不愿意从基层做起，不愿意把吃苦作为第一步。最初，他们会因为自己“丰厚而体面”的工作沾沾自喜，直到有一天，才突然发现自己不过是踩在云端，脚下是一片软弱的烂泥，直到从云端摔下，粉身碎骨才追悔莫及。

所以，好高骛远注定会失败，想一步登天注定要付出惨痛的代价。

反之，再看看那些成功人士的例子：霍英东发家致富的第一桶金，来自起早贪黑的苦力工作——卖沙子；比尔·盖茨，世界首富，在哈佛肄业后，对市场进行了仔细观摩，认真研究自身的优劣势，然后制订详细的策略和实施计划，有目的有针对性地脚踏实地地开展工作，最后在一间车库里取得了成功。

由此可见，好高骛远者注定与成功无缘，想做出一番大事业，就一定要脚踏实地，踏实、务实、勤奋、努力，只有这样，才能铸就辉煌。

大家都知道，罗马不是一天建成的。“举世皆浊我独清，众人皆醉我独醒”也是一种生活态度。在浮躁、焦虑的大环境中，人人都向往“成功”。然而只有保持冷静，在浊醉的世界里保持清醒，脚踏实地、认清形势，才能发挥自己的优势。走得踏实，才能笑到最后。

很多人都听过一个年轻人用一枚回形针换回一幢别墅的故事：一位年轻人从网上看到一则换购别墅的消息。同大家一样，他也很喜欢别墅，但因为家境贫寒，暂时没有购置别墅的能力。

但他没有放弃，而是制订了一个有效的计划。刚开始，他用一枚很有特色的大块头的回形针换了一支铅笔，又用铅笔换了一个夹子，又用夹子换了一根蜡烛……就这样，每次换购后，他都让手里的资本变多一些。然而，他并未因此沾沾自喜，他心里一直惦记着那幢别墅。白菜、汽车……他一步一步地向自己既定的目标靠近。终于，他成功地置换到了那幢心仪的别墅。

很多人拿这件事当笑话听，但事实就是如此，只要不放弃你手中的资本和机会，不急功近利，不贪图小利，懂坚持不懈；只要每次进步一点点，只要脚踏实地，就一定会有成功的那天。

在圈里，赵丽颖的努力是有目共睹的。

我最开始注意赵丽颖，还是她刚去剧组拍戏的时候。她的性格比较慢热，用现在的话说，就是有点儿呆萌。但是她在拍戏的时候很有主意，而且她的镜头感特别好。仿佛只有在剧组里捧着剧本，她才能安心。

赵丽颖不是科班出身，对一切外界的镜头都不是那么适应。诚然，对于自己不是科班出身这一点，让她有些没自信，也不像其他明星那么神采飞扬，但这才是她的可爱之处。

赵丽颖一直是有戏拍就拍，没戏拍就坐在一旁，像邻居家的妹妹一样，温婉谦逊。

“圆脸不能演主角”，这句话是赵丽颖刚接触这个圈子不久，某个圈内人给她画的第一条界线。在很多导演看来，赵丽颖的小圆脸是非主流，还有导演直接劝赵丽颖：“你去垫垫鼻子，整整下巴。”

但是赵丽颖直接拒绝了这位导演的要求：“我演什么角色，跟我是什么脸型有什么关系？现在他们不喜欢我的圆脸，可是说不定哪一天我红了，圆脸就成了一种潮流，大家会发现，圆脸其实很好看。”

就这样，赵丽颖用自己的小圆脸演了七年配角，不管是女儿、孙女还是丫鬟，她都手到擒来。赵丽颖的第一个配角，是《金婚》里蒋雯丽的三女儿多多。

那时候，她操着一口掺杂着乡音的普通话，在剧组里带着一点儿笨拙，也不怕别人笑话，就坐在一边，一字一句地把台词背好。在当今“整容脸捷径”的娱乐圈，赵丽颖拒绝迎合“主流游戏规则”，她就是要靠努力，挑战世俗的偏见。

就这样，赵丽颖凭着这张不受导演喜爱的小圆脸，在饰演了无数配角后，硬生生地闯出了一条路。她用她的演技证明，只要努力，小圆脸也能撑得起大场面。

如今的赵丽颖，凭借自己精湛的演技，彻底在圈子里闯出了一片天地，也成了众所周知的一线大明星。当然，这些故事不是听一听、热血沸腾一下就算了。所有故事都要对自己有所启迪，如果只是昙花一现的努力，那也于大事无利。

请牢记：人只有脚踏实地，才能获得真正的成功。

> 谭飞说：如今，连白菜都涨价了。如果你还用六位数的密码，保护小于六位数的存款，那你就不要让自己停下奋斗的脚步。

相信我，光在脑子里跑步是无效的

有种错觉叫“我在脑子里激情澎湃了好半天，就权当我努力过了”，其实只是“我临睡前想做件拯救世界的大事而激动得睡不着，结果第二天早上连早起都做不到”。

身边有很多人喜欢各种吐槽。在他们看来，这个世界所有的困难，都是老天专门用来折磨他们的。有时候，明明只是个小问题，却整天无病呻吟，感叹世界不公，感叹自己那么努力却付诸一空。但其实，他们只是在脑子里努力了一把，求个心理安慰罢了。

前段时间，我约一位圈里友人去吃消夜。他说要加下班，让我在公司楼下等他一会儿。我从七点等他到七点半，他一边嚷嚷着自己饿了，一边抱怨加班。

我俩去了簋街，吃完饭大概 11 点，然后就分头回家了。结果我们俩刚分开，就看见他在朋友圈里发了一条动态：真辛苦啊，义务加班。配图是他的办公桌，上边有一堆摊开的文件。

这让我觉得很好笑，他明明是七点半下班，但朋友圈里的动态，却好像自己一直加班到 11 点多。

所有的努力都不会白费，但如果只在脑子里跑步，那就别怪自己达不到制定的目标。

跟他正相反的是演员黄渤，很多人都是通过《疯狂的石头》认识他的。黄渤饰演的是三人盗窃团伙里技术最差、智商最低的黑皮。而我最开始认识黄渤，是在管虎的一部反映农民工题材的电视剧里。

现如今，几乎没人不知道黄渤是谁。这位大名鼎鼎的“六十亿帝”，不但智商很高，而且情商出众。黄渤是学配音的，但他演戏、唱歌、画画、舞蹈、主持，无一不精。就像圈里一位好友说的：“除了身材、长相上没有达到世人对于‘高富帅’的审美标准外，他几乎堪称完美。”

黄渤并非天才，他能取得今天的成绩，完全是靠着自己的努力，一步一个脚印走出来的。而他对演戏方面的努力，也跟他早年坎坷的人生经历脱不开关系。

最开始，黄渤在一家酒吧当驻唱歌手，后来又开工厂，再后来又做回了歌手，直到某天被自己的老乡，也是发小高虎推荐，到剧组参加面试演了戏。从这开始，黄渤才算真正找到了自己的人生坐标。他开始报考北京电影学院，然后走上了表演这条道路。

在酒吧唱歌的时候，黄渤还被父母怀疑是否在干不正当职业，因为在酒吧唱歌大多是晚上，而一般人的工作都是在白天。后来，黄渤开工厂，对做生意可以说是一窍不通，最后赔了几百万，整天被人追债。

黄渤坦言，那段时间他过得很惨，甚至还有很长一段时间感到彷徨，每天都不知道自己应该做些什么。

黄渤说："每天起来就坐在床边想，自己能干吗？"他二十多岁的年纪，度过了相当长的一段苦闷期。

然而，正是这些丰富的人生阅历让黄渤早早地体会了生活的不易，也更能体察到人生的许多心酸。可以说，黄渤在很早之前，心智就比同龄人要成熟很多。

管虎也说，他跟黄渤保持了十几年的合作关系，还从来没见黄渤发过脾气。黄渤人缘好，这是圈子里尽人皆知的事儿。因为脾气好，性格和善，加上黄渤情商真的很高，凡是跟他有过接触或合作的导演、演员，无一不对他交口称赞。

此外，黄渤在圈子里洁身自好，起码我是不知道他有什么绯闻。这跟黄渤为人处事的风格是分不开的。在大红大紫之前，黄渤已经成家立业，作为好男人的他，始终没有沾染到圈子里的酒色财气，这是非常难得的。

黄渤和高虎互相扶持的事，想必很多人都已经知道了。前两年有部很火的综艺，叫《极限挑战》，参演人就有黄渤。

早在宁浩的电影《疯狂的石头》中，王迅就与黄渤相识。两人志趣相投，很快成为朋友。当初，王迅之所以能参加《极限挑战》，就是受到黄渤的极力推荐。由此，也不难看出黄渤对朋友的义气。

之前，圈子里出现了一些让人不齿的插刀现象，但我可以断言，黄渤绝不是这类“忘恩负义”之徒，也不会因为自己红了，就疏远昔日的好友，虽然这是很多明星红了之后的做派。

黄渤没这么做，他也一直很注意保护家人的隐私安全，也不会为了提高个人的曝光率，丧失起码的艺人的道德底线。他的努力都在背后，在别人的眼睛里，而不是在公众平台上。

这个人生在三十岁之后才开始有起色的男人，凭借自己的认真、坚持和努力，收获了自己的花和果实。在迎来人生巅峰后，他没有迷失自己，而是及时停下来沉淀自己，不让自己被圈子里的乌烟瘴气所累，不让自己忘记初衷。

就像黄渤自己说的：“我最幸福最开心的事，还是没钱的时候攒钱买一辆二手摩托车，那种人生体会，一辈子不忘。”

这个曾经充满苦闷和迷茫的年轻歌手，这个曾经被四处逼债的黄总，这个曾经被副导演呵斥为“这都找的什么东西”的群演，这个曾经为了一个镜头拍了上百条的男主角，他用自己的人生经历告诉我们：时刻准备着，因为你所有的努力都不会白费。

如果没有行之有效的计划，没有行动力，一味靠在脑子里用功，就注定于现实无益。只有脚踏实地做事、做事认真，才能迎接最好的自我。

道理都懂，但当今世界真正能做到的又有几人？做人要做最真实的自我，做事要脚踏实地。

> 谭飞说：如果你只在脑子里跑步，那你瘦下来的样子，也只会存在于你的脑海中。

让身体跟上你的渴望

我身边不少人都反复吐槽：为什么我老是实现不了自己的理想？为什么我付出那么多，结果却是个失败者？为什么我才二三十岁，但活得像个老头子？

答案很简单：因为你是个不折不扣、如假包换的“居家努力派”。

很多人都说，马云之所以成功，是因为乘上了时代的东风。在我看来，马云能成功是因为他能够快速行动，能动用一切力量去争取自己和他人。他想到什么，就能把脑子里的东西付诸行动。所以，即便马云今天才出生，他也绝对会是个成功者。

相比马云，那些成天在脑子中过多分析利弊，过多思考可能性的人，最后都免不了以失败收场。这跟“有没有梦想”无关，也跟“行动的动机”无关，而是取决于“行动的执行力”。

有记者采访了一位参加阿富汗战争的美军士兵，让他谈谈自己保命的法则，他淡淡地回答：“很简单，先开枪，再瞄准。”

这句话有些荒唐，但没有错。如果你是个一点计划性都没有，目光也特别短浅的人，哪怕尚不明确自己未来的方向，也要在行动的过程中思考最佳的解决之策。如果想等到万事俱备，水到渠成了再行动，那胜利的果实也早轮不到你去采摘了。

遗憾的是，几乎所有资深“拖延症患者”身上，都缺乏执行力。他们为了自己的目标，花了大部分时间坐在家里，制订一些坚定的计划，下了无数次决心，发下了无数回誓言，但这些问题根本没得到解决。

在这个信息超载的社会里，人们的选择权太多，让你根本无所适从。每天，我们都要做出大量的决定。不管这些选择是大是小，都严重困扰着我们的生活。仅仅一个“我午餐要吃什么”的问题，都要思考 200 多次。

至于“衣服是否合适”“我要看哪部电影”“我先吃饭还是先完成工作”之类的琐碎问题，一天都要思考 500 次以上。而这些不可思议的数字，我们自己甚至都意识不到。

总之，选项越多，大脑的工作量就越大，它会把行动力浪费在辨识与选择信息上，导致行动的时间大大推迟，让身体跟不上内心的渴望。

行动力差的人还有个通病，就是眼高手低，总觉得自己一腔才华无处施展。

作为一位“一腔才华”的人，脑海里一定有许多的想法和抱负。

其实，这些想法里有一些是不现实的，是异想天开的。但如果你坚定地认为，我的想法就应该被实现，那结果只能是处处碰壁。

除此之外，身体跟不上渴望的人往往都是完美主义者。你对自己的要求太低，却对环境的要求太高了。

很多人都是完美主义者，或者是隐性的，或者是显性的。但身体跟不上渴望的人，总会对外界条件特别苛刻。这部分人希望外界具备所有有利的条件，最好再有人能拉着他们一起行动。

当追求完美到极致时，恐惧就会在心里油然而生。这部分人害怕挫折，害怕未来随时迸发的可能性，只要有一点点风吹草动或失败的可能，就会让他们终止行动，停下来继续计划。因为只有在脑子里努力，才能跟失败保持距离。

我接触过的所有缺乏行动力的人，大家都抱着“走一步算一步”的想法，他们对目标太缺乏规划性了。这也就导致了“今日干劲十足，明日就偃旗息鼓”的现象。

如果一个人缺乏将规划付诸实践的能力，就会对前面将要进行的任务感到迷茫，也会对短暂的停滞感到忧虑。这部分人都有很多很好的想法，但却没有一个可行的方案。于是只能虎头蛇尾，无法将计划实施下去。

懒惰，是这部分人最喜欢的行为方式；规划，是他们迟迟不行动的借口。

你只有下定决心，脚踏实地地用实际行动执行自己的憧憬、理想和计划时，你才能够正视自身的种种问题，才能为了改正这些问题而付出实际的努力。如此，你的生活和事业才能有长足的进步。

大部分身体跟不上渴望的人，在做好一份热血沸腾的计划后，都不能坚定不移地去执行，而是继续待在家里“思考”。这种“思考”和“规划”，就是给自己制造不行动的借口。

励志演讲家与畅销书作家托尼·罗宾斯说道：“如果说有什么是令我们的潜意识感到兴奋的，那就是无条件的、强制性的懒惰。”

拖延是个恶魔，它会在人类潜意识里挖出一个隐秘的“舒适区”。你经常会发现自己分裂成两个人，一个在舒适区外面拼命高喊：“快点儿行动，不要停！把事情都做完再干别的！”而另一个却悠闲自得地躺在舒适区，在你耳边呢喃道：“不要动，就这样什么都不做不是挺好的吗？你应该放松，你不觉得没有压力的状态很舒服吗？”

不少人都会被拖延拖下深渊，只有少部分人能抵制住诱惑，但又遇到了另一个问题——心理脆弱。遇到一点儿小问题就轻易放弃！

心理脆弱的人，在遇到很容易解决的困难时不是想办法解决，而是直接放弃。

我身边有许多这样的年轻人，他们在遭遇工作或情感的危机时，经常会陷入情绪的低谷，并采取极端的处理方式。一旦学业、事业或感情受挫，这些人就会自暴自弃，更有甚者会选择结束自己的生命，酿成无法挽回的悲剧。

说到底，人的生命只有一次。最怕的不是我站在你面前，你却不知道我爱你；而是你低配的肉体，根本承载不了你高配的灵魂。

谭飞说：你的灵魂甩掉身体太久，就会让你整日幻想高配的生活，却又不得不忍受低配的煎熬。

夜里想来千条路，清晨依旧卖豆腐

我老家是农村的，在村里，有很多颇有道理的老话流传下来。其中，最为博大精深的一句便是“夜里想来千条路，清晨依旧卖豆腐”。

你知道这是什么意思吗？

想必不少人都对这句话深有感悟。帕斯卡尔说过：“人不过是一根会思考的芦苇。”他把人类比作一根芦苇，是因为人类是脆弱的，但同时又是强大的。为什么会强大呢？因为会思考，思考能让弱小的人类变得强大。

人们在对现状表示不满时，在不甘心时，做得最多的事就是思考如何改变现状，会想着干这还是干那，想着怎么样才能更快地升官发财。

我最喜欢的一句动人的话叫：成功的速度，一定要超过爸妈老去的速度。

我曾在无数个夜晚失眠，翻来覆去左思右想，每一个失眠的夜晚都伴随着成功的志愿，怀抱着踌躇的思绪。我有无数个灵光乍现、千奇百怪的想法，而每一个想法的走势，最终都能通往成功。我对这件事乐此不疲，也为自己的“好点子”激动不已。

怀揣如此浩瀚的点子，我醒了。在第二天早上我带着浓浓的困意，赖了一会儿床之后，完全忘了昨夜的宏图大志。照往常一样吃早餐，洗漱，准备资料，还是该干吗干吗。

大部分人都是这样，头天晚上壮志凌云，第二天却要继续着自己不满意的工作，或直接没工作家里蹲。一边忘却了夜晚的雄心，一边感慨这就是“理想很丰满，现实很骨感”。

这也是“夜里想来千条路，清晨依旧卖豆腐”的含义。

当然，每个人的内心都渴望着卓越，可机会摆在我们眼前时，却又变得犹豫不决。每天晚上，人们都迫切地渴望改变自己，却不自觉地向人生的“舒适区”低头。

我见过很多一边拼命喊救命、挣扎着想改变的人，一边又在原本的生活里沉沦。他们不想自救，只想让命运拉自己一把。

他们总有许多担忧和问题。

担心自救失败，连现在的“豆腐”都没得卖；徒有凌云壮志，但又担心能力不足，不敢轻易尝试；拖延，总想着凭自己的能力绝对没问题，绝对能成功，先玩，以后再干；懒。

如果有以上四条问题，那从某种程度上说，你就是在“做梦”了。如果成功人士都靠想想就能取得今天的地位，那那些为了梦想拼搏，被生活打得鼻青脸肿却勇往直前的人又算什么呢？

所谓“夜里想来千条路，清晨依旧卖豆腐”，就是“只思不进取”的表现。不过，这种状态只不过是还没被逼到份儿上。不然，连幻想的时间都没有，只能往前冲了！

在你突然决定干一件事时，总会感觉很振奋，觉得前途一片光明。但真的决定要做的时候，心里就会莫名其妙地产生一种无力感和恐惧感，就像被浇了一盆冷水一样，全身冻结。

有的人内心打算与现实情况之间的巨大鸿沟，给这类人造成一种错觉，他们觉得自己无论如何都实现不了这个打算，这样的情绪在心里郁结，积极性遭到严重打击。

有的人虽然知道自己要去哪里，但缺乏长远目光，看不清未来的路，想做下去，但又不知道从哪里下手，热情就在不停的纠结犹豫中白白消耗。

有的人想法特别多，但都被这样或那样的现实否定了，最后没有一件事是通过自己的努力能达到的，于是，这部分人在潜意识中对自己产生了怀疑，一蹶不振。

这些情况确实可怕，大部分人都喜欢随遇而安，没有太强的行动力。他们经常把梦想和誓言挂在嘴边，却在行动的时候，给自己一个“兵来将挡水来土掩，挡不住就这样了吧”的暗示。

这种念头不停地在人心中作祟，渐渐地，潜意识也会告诉你：这件事不做，还有下一个机会。然后，你就会慢慢放弃了很多原有的念头和目标。

圈里有位朋友，他是典型的行动力缺乏患者，却经常标榜自己是“思考型”人类。什么是“思考型”人类呢？就是谋定而后动。这五个字如果放在有智慧、有行动力的人身上，的确是个褒义词。但如果放到初出茅庐的年轻人身上却不是什么好词。

特别是在当今社会，这是个信息爆炸的时代，“谋定”已经越来越稀缺了。大部分人都做不到谋定，因为“谋定而后动”只是这类人的借口而已。

对“思考型”人类来说，“成事在谋，败事在定”，因为他们根本定不了。如果不去做，就永远不会知道后续的结果能发展成什么样。再怎么在头脑里“谋”，也不可能看清全部事件的发展过程。一切没有行动力的“谋”，都不过是镜中花、水中月罢了。

将“思考型”人类转变成“行动型”人类比较困难，但是也不是不可能。谨记一条箴言：办法比问题多。对行动力缺乏的人来说，只要初期立马付出一些代价，比如金钱和时间，后续就会持续地跟进。因为他们的计算方法是这样：都付出这么多了，不收获点东西太亏了。

所以想提升行动力初期就要开始投入，不要思考。把所有的陈述都归结成一句话：不管不看，先试着踏出一步。

谭飞说：不要在睡前规划人生，它只会让你兴奋得睡不好觉。

第四章

没有谁天生就是失败者

成功人士的成功绝非偶然，一定是注定的。在别人都舍不得的时候，他能舍；在别人都忍不了的时候，他能忍；在别人都记不得的时候，他记得；在别人都做不到的时候，他能做；在别人坚持不下去的时候，他能咬紧牙关，坚持到底。

别把他的谦虚，真的归结成好运

如果别人问你："你努力吗？"你会如何回答？你能斩钉截铁地回答"当然是"吗？

有很多人羡慕别人，年纪轻轻就拥有了财富、名誉、家庭、事业。再反过头来看看自己，一事无成，一无所有。于是开始怨天尤人，埋怨老天不公，埋怨幸运女神没有眷顾自己。

他们把家庭条件好者的成功归结成富二代的优越性，把穷却成功的人归结成走了"狗屎运"。对于有这种想法的人，我只能对你说一句：说别人的成功是幸运，只是因为你自己不够努力罢了。

昨天参与了一套节目的录制，一天录三场，连续看了两场。这两场，我都坐在离撒贝宁距离很近的位置上。于是，我能清晰地看到撒贝宁的举手投足，甚至是面部表情。

我跟撒贝宁没有过多的接触，以前只是通过屏幕或友人间接地了解他。这是我第一次见他本人，远比我认知里的更有风度，也更具人格魅力。

因为，一个北大法律系毕业的高才生，最后选择成为著名主持人，这样的事迹本身就很值得我敬佩。看着我毫不掩饰的赞赏，与我同行的男士酸溜溜地说了句：“你知道他家里多有背景？”

我淡定地看了他一眼：“我不关心家庭背景。我只知道一个法律系毕业的学生，能成为中央电视台著名的节目主持人，那一个新闻系的同样可以。你说他靠背景，说他靠运气，唯独没有说他靠努力。”

撒贝宁在春晚前彩排了七次，录节目的时候经常录到深夜。一位友人告诉我，他经常凌晨三点才睡，然后第二天继续录制节目。每一次，都要在舞台上至少站三个小时。

我问同行的新闻系男士：“这样的工作安排，如果是你，你能承受吗？”

与他红着的脸庞相比，舞台上的撒贝宁却是笑意盈盈，完全看不出倦意。他在舞台上是如此精神焕发，谈笑风生；待人谦逊真诚，对观众和嘉宾亲切温和。作为节目主持人，他机智果断，绝不敷衍，而在节目录制的中间休息环节，他也没有休息，而是在后台认真地倾听嘉宾的话。争取在保证嘉宾要求的情况下，让下一个环节更加精彩。

整个节目录制的过程很紧凑，他根本没有休息的时间。

他累吗？累。但是再累也要完成工作，再累也要竭尽所能去做好每一件事。很多人都感叹他的应变能力和反应能力，喜爱他的诙谐幽默，而我却独独看好他任劳任怨的主持态度。

我很早就关注撒贝宁了。有一期节目录的是麦家老师。节目组在开场时，安排麦家老师与青年代表进行互动，然而互动的方式有些触犯到麦家老师的尊严。于是，撒贝宁特意在麦家老师演讲完毕后，代表节目组进行道歉。

他的谦卑、他的主持魅力，绝不是一日之功，而是长期的积累和沉淀的结果。

还有一期节目，邀请的嘉宾是著名的作曲家赵季平先生。赵先生年过古稀，却幽默风趣，甚至有几分童真。当他谈到与张艺谋、陈凯歌早年合作的经历时，更是让我颇有感触。

陈凯歌在创作电影时，经常工作到凌晨两点；张艺谋身边总携带无数卡片，用来记录自己看过的优秀电影里的拍摄技巧。

随着赵季平先生的讲述，一幅幅画面也随之浮现在我脑海里。那是我们这代人的记忆，大家都在为一件热爱的事情奔波劳累。为了寻找艺术的源泉，为了寻找灵感，我们需要走进农村，走进生活。在成功之前，谁都不知道自己会不会成为电影界叱咤风云的人物。

不曾为梦想天真过、执着过、努力过，又怎能得到“幸运”这种最可遇而不可求的东西呢？他们可不是因为幸运，才给后辈留下了《黄土地》《霸王别姬》《红高粱》这样的经典之作。

赵季平先生说，他想为这个世界留下点什么。

就如赵季平先生所说，如果活着不能给这个世界留点东西，又怎么证明你到这个世界里走过一遭呢？我们来到这个世界，就没有打算会活着回去。既然如此，苦苦挣扎在安乐窝里又有何意义？保留一份斗志，会让你在任何时候都可爱得多。

还有一件有意思的事。在录制赵季平老师的那期节目中，有一位观众对撒贝宁说，自己一直没有机会表现自己，因为他也热衷于音乐，希望撒贝宁能给他一次表现的机会。

撒贝宁把机会给了他，让他有机会创作，并且很机智地用他的创作花絮贯穿了全场。等到节目录制结束时，这位观众却没有交出一份完整的答卷，当然更称不上完美。于是他又提出请求，希望给他两天时间，让他创作一首歌给赵季平老师看。当然，这次机会并没有光顾他。

说到底，还是这位观众的实力有限。我一直信奉一句话：机会总是降临给有准备的人。所以，当你还没有积蓄好实力之前，请不要说你没有机会，或不走运之类的话。

我一直很认同撒贝宁的这句话："现在的年轻人都有一种毛病，自己不努力，却抱怨社会不公，不给自己机会。我想这不只是年轻人有的毛病，那些壮志未酬，在时代的洪流下被冲垮的人都会有这样的通病吧。"

说别人幸运，只能说明你不够努力罢了。这句话，送给所有在各式各样的环境里不得志，还爱抱怨没有机会的人，也包括我自己。

> 谭飞说：成功人士谦虚地说，自己的成功只是好运。你真的信？王健林还说，先定个小目标，赚他一个亿呢。

别害怕，没人能永远不犯错

周恩来总理有句名言：错误是不可避免的，但是不要重复错误。

诚如周总理所言，没有人能永远不犯错，除非他永远不作为，但不作为本身就是错的。“金无足赤，人无完人”这句话流传了千百年，自然是有它存在的道理的。

所以，犯了错也不必害怕，不用觉得你的未来会因为这个错误而一片昏暗，等熬过这段时间，你就会发现当时难以承受的错误，不过是一粒尘埃罢了。

有多少人想干一番事业，但最后都以碌碌无为而收场。归根结底，都败在一个“等”字上。很多人都害怕失败，害怕自己犯错，于是不再努力。

我站在过来人的角度告诉你，所有的不痛快，在你成功的那一刻回头看看，根本就不算什么。每个人从生到死都充满着挫折和伤害，人走的每一步都不容易，面临着人生的转折点。可是如果没有抗击打的能力，就会产生厌世的情绪，甚至产生自杀的冲动。

所以说，人活着很难，但还要勇敢地活下去。

圈里有些“小鲜肉”，也不能说拍戏不努力，但是他们在大染缸里待久了，染上了一些诸如吸毒、“睡粉”的恶习，被狗仔爆出来了。这种事也不能说狗仔做得不对，但有些“小鲜肉”确实是从此一蹶不振了。

我曾经跟几个圈子里的小辈聊过天，有几个犯了错的孩子，其实在拍戏时是很刻苦的，而且待人处事方面也做得不错，可惜沾上毒品之后，事业和人生就都走了下坡路。

当然，“黄赌毒”是最不应该沾染的恶习，但如果知错能改，也未尝不是一件好事。人要学会往前走，往前看，给自己一个机会，也给别人一个重新认识你的机会。

韩寒执导的第二部电影《乘风破浪》中，邓超的角色是一名跟父亲积怨已深的叛逆赛车手。

大家都知道，邓超在综艺和电影里的角色定位比较明显，是一种比较夸张、开放的表演。但这次不同，邓超的表现相当细腻，而且内敛。他把一段错综复杂的父子情演绎得相当感人。这段情感很复杂，但邓超拿捏得很到位。

电影中的故事发生在20世纪八九十年代，电影中的邓超饰演徐太浪，正值青春叛逆的他，义字当头、为朋友挺身而出，大呼念书无用、跑到舞厅打工赚钱，跟父母不和、大搞离家出走……

这是戏里的徐太浪，也是曾经的邓超。邓超年轻时，也是个爱打架的热血少年。他说，他打过的所有架，没有一场是为了自己。

“同学、朋友，一帮帮地在一块玩儿，干着很愚蠢的事情，打着很愚蠢的架，喝着很无聊的酒。不是帮派，也不是黑帮，更多是谁受了欺负，我们就得义气啊。我觉得很单纯，很喜欢那些岁月。”邓超如此描述自己青春时代的放肆与张扬。

年轻的血液总是躁动的，当他在文艺学校上学的时候，几乎总在打架。当然，他打架都是为了“朋友义气”。

邓超说，他特别爱打架，以至于邓超妈妈后来一直叫他“夹着尾巴做人”。他看不惯别人欺凌弱小，尤其是欺负他身边的老人、女生、学弟学妹们，只要让他看见，他当场就会把对方暴揍一顿。

当然，他也知道自己这样不好。

邓超坦言，自己跟电影里的彭于晏很像：“上子弟学校的时候，同学被别人扇了一巴掌，我就说你必须扇回来，去学校拦别人。结果第二天，我发现自行车没气了，最后头也被打破了……”

邓超笑着说：“其实小学的时候我特别乖，经常在学校门口被人抢皮带、抢钥匙、抢弹珠，就是那种学霸和三道杠的三好学生，性格也很弱。上了中专后，我开始反叛。因为一次隔壁班的同学被别人欺负，我们就去找那些人……”

没有人能从不犯错，所以我们也没必要害怕犯错。有些事情，你做了就是做了，做了，后悔也没有用。如果有补救措施，就尽力弥补，如果没办法补救，就坦荡荡地承担一切。

很多人在犯了错之后，就开始畏首畏尾。他们总是活在犯错那天，没有前进，“如果我没选这条路，或许现在获得金马奖的就是我了……”

其实这又有什么用呢？既然错过，就不要后悔；既然不敢开始，就别幻想成功。与其事后久久不能忘怀那个你从未有过的开始，倒不如在最开始就奋力一搏。不管是成功也好，失败也罢，起码我尝试了，我就不会后悔。

要知道，这世界上最痛苦的事情不是失败，而是我本可以。有多少“本可以”的事，被亲手扼杀在“我害怕失败”这样的自我否定上，你不觉得可惜吗？当然，你只有在事后才会觉得可惜，但一切都“后悔晚矣”。

现在有很多校园里的年轻人，在竞选的时候都不愿意参加，或者说，他们不敢参加。

“上台竞选，万一没人投你多尴尬，多没面子？算了算了……”

这是大部分年轻人的通病。你不敢开始的原因，说到底就是害怕失败，害怕自己没面子。我想问问你：“面子值多少钱？你不去尝试，留着面子干什么？面子能让你成功吗？”

命运害怕勇敢的人，专去欺负胆小鬼。每个人都会经历失败，没有谁天生就注定成功。

就像顾城说的：你不愿意种花，你说，我不愿意看到它一点点凋落。是的，为了避免结束，你避免了一切开始。

别在本该奋斗的时候选择退缩，别守着面子畏缩不前，别因为怕失败就不敢开始。你不开始，就永远别奢望有成功之日，你愿意开始，哪怕只有百分之一的机会，你都可以。

开始一回，你就更接近成功一寸，放宽心态，失败怕什么？谁生下来就拥有一蹴而就的成功。失败了我就再来一次，到成功为止。哪管什么失败，先干一场再说。

人生，就要这么霸气。

谭飞说：不怕你犯错，只怕你犯了错还找借口。失败是成功之母，这句话不仅仅是一句鸡汤。

你连活在底层都不怕，还怕什么

现在，大部分人都被娱乐圈的光鲜亮丽吸引，却忽略了演员们背后的心塞。

就拿吃苦这件事来说吧，一些搬砖的兄弟可能会说：“我累死累活的，一天也就赚两百块钱，这帮明星，出来晃悠一圈就几百万。”

哪有这么夸张呢？说实话，娱乐圈里有几位草根明星，在大红大紫之前，也在工地搬过砖。但人家知道，自己不乐意干搬砖的活，不愿意一辈子就是搬砖的命，所以，他们削尖了脑袋，拼了命，也想往娱乐圈里钻。

有位草根出身的明星，跟我一起吃饭闲聊的时候就说过：“我连活在社会底层都不怕，我还怕什么？拍戏是苦，苦我也得拍，还得拍好了！”

这一点很让我佩服。是呢，你连底层生活都不怕，这股韧性干点儿什么不行呢？

李冰冰做事努力，这是圈子里大多知道的。她有一种天生的心态，就是害怕别人失望。李冰冰是黑龙江省五常市人，刚从上戏毕业时，她接戏的价格都比较便宜。

一起吃饭的时候，她说了一段自己背台词的事。那时候，她背台词实在是太努力、太辛苦了，她要把每段台词都记得滚瓜烂熟，有时候背错了一点，大家也都不好意思说她错了，就因为她实在是太努力了。

李冰冰英文不好，在拍一些国际合作的电影时，李冰冰就深感英文不好很吃亏。比如有一部电影，它影片部分的现代戏和古代戏是交替进行的。在现代戏部分全都是英文对白，这对李冰冰而言，挑战确实不小。

那段时间，李冰冰日夜苦学英文，练习英文发音。“我们的电影市场发展很快，英语已经成为交流工具，我在拍摄《功夫之王》的时候就开始练习了。有些台词需要临时修改，我不会像中文那样马上就反应过来，但我还是在最短的时间内解决了这个问题。”

鉴于李冰冰的英文起步较晚，很多媒体都在质疑她，说她的英文会让这部电影大打折扣，但李冰冰却表示自己没负担，她说：“台词是一个脱口而出的东西，电影里的对白很生活、很地道，而且我还有一个对白老师。”

为了一解媒体的困惑，李冰冰还用英文推荐了这部电影，并对有志于学英语的人提出建议：“任何时候学英语，都不算晚。”

明星总是站在闪光灯下，观众已经习惯了他们“无所不能”。作为公众人物，明星身上的不足，也会比普通人多出几十倍影响。然而，李冰冰却用实际行动证明了自己。她连最苦手的英文都不怕了，还怕什么呢？

成龙是华人电影里当之无愧的大哥。他拍戏要求严，而且能吃苦。成龙大哥今年已经六十多了，拍打戏还是亲力亲为，不用替身。

记得在国外，成龙应邀拍一部打戏，其中有一个镜头，设定是别人用斧子向他扔过去，他再用椅子接住斧头。

外国人问，你们中国拍这种戏，都用什么特效啊？

成龙大哥一脸迷惑，说，你们拍这种戏还用特效？

这就是态度的不同，为了更真实地把作品展现在观众面前，成龙受伤已经成了家常便饭，甚至有几次，他还游走在生死边缘。

试想，一个人拍戏时连生死都置之度外，他还能拍不出好作品吗？

我再讲一个剧组里的事。剧组有个三十岁的女性，家里挺封建，觉得女人三十岁不结婚，在外面打拼是耻辱，于是以死相逼，让她嫁给一个身高不到160厘米的鱼贩。

在她婚礼前，剧组派了代表去祝贺一下，代表回来后，跟我们一脸嫌恶地说：“这鱼贩子人脏，还黑，还丑，指甲缝里全是泥，一身腥气，头发油乎乎的，还有大块儿的头屑。而且他不光邋遢，还特别穷。”

剧组的人听了也都皱了皱眉，一个扛机器的师傅说：“劳动人民嘛，外表坏一些难免，主要是人老实，对她好就行。”

这句话说了还没多久，她就哭哭啼啼地回了剧组。

有时候，真不知道穷是因还是果。因为很多情况下，穷、邋遢和人品差真的会联系在一起的。

这个穷鱼贩给了她家里 3 万块钱的彩礼，等她领完证的第二天，鱼贩跟她说：“我给你家的彩礼是借的高利贷。你得还给我 3.3 万。”

她觉得很奇葩，没有答应。鱼贩反手就给了她一巴掌，叫她不要跟自己装。他说，她有多少钱，她家都告诉他了，让她把攒的钱全拿出来。

她假装同意，偷偷买了回北京的票，准备第二天就逃走。当天晚上，隔壁水果摊的男人拎着西瓜刀就来找鱼贩，因为鱼贩把人家媳妇睡了。

她看着明晃晃的尖刀吓得一直叫。

听完她的叙述，剧组的老同志仿佛打开了新世界的大门，纷纷给自家女儿的择偶标准加了一条：不能太穷。

很多男性在抱怨自己什么都没有的时候，为什么不想想，凭什么只有你什么都没有呢？如果你长相平平，性格乖张，什么优点都没有，还没有钱，那谁愿意嫁给你呢？

有位年轻人曾经对我说：“我太穷了，我输不起，所以我不敢开始。”

这是什么笑话？你已经穷到这份儿上了，输了，也不会变得更穷；赢了，你就能翻身。这笔账还算不过来吗？何况，好好学习要钱吗？

努力拼搏要钱吗？不要钱却能让你出人头地的方法有千万条，别把你自己的懒散懦弱美其名曰“穷得输不起”。

你连贫穷都不怕，还怕什么奋斗呢？

谭飞说：这个世界上没有什么比安于贫困更可怕。与贫困相比，连奋斗中的挫折都显得无比美好。

别让未来的自己，参加不起“同学会”

今天同学聚会，大部分人都是开豪车来的，身穿名牌，手戴名表，在酒桌上喝了点儿酒之后，大家的话匣子也打开了。

随着年龄增长，我越来越会用淡定的态度面对这些交际。努力在同学会上，维持一个成年人的成熟与体面。

其实，对大多数人而言，人生中最美好的同学聚会应该是在大学毕业五年左右。这时候，同学们在职场里都基本稳定，就像做好爬坡准备的运动员。

这时候，大家还没有被社会完全同化，也没被生活完全碾轧。

虽然在工作方面，同学之间已经拉开了差距，但并非遥不可及。所以，在生活上，曾经的兄弟还可以勾肩搭背；在感情上，大多数同学还未婚娶，即便婚娶了，也还没生娃，昔日的恋情还能够让人想入非非。

大家一边吐槽工作的事，一边回忆上学的时光。这时候的同学会，可谓是水中月，镜中花，透露的全是美好。

前一阵子，《演员的诞生》引起了很大反响。除了章子怡和刘烨等大牌评审，还有一个实力派演员，名字叫张彤。

提起张彤，很多人可能不太熟悉。但她的来头着实不小。

张彤是中戏96级表演班的班长，也就是章子怡和刘烨的班长。张彤与章子怡、梅婷、袁泉、秦海璐、胡静、曾黎、李敏并称中戏的“八大金钗”。

要知道，当年的中戏可没有这么好进。就算经过了千军万马过独木桥的阶段，一路杀进了中戏，但大一还要对学生们进行甄别，如果表演能力不过关，是真的会被学校给开除的。

作为一名表演系的老班长，张彤除了具备出色的外形和扎实的演出功底外，她最难能可贵的是坚持自我、低调行事。

当然，昔日的老同学，如今成了自己的评委，身为班长的自己需要得到老同学的认可才能晋级，这在许多人看来是挺尴尬的事儿。

可张彤做得很好，她只是喜欢演戏，想要通过一档节目证明自己，这一点，让很多不敢参加同学会的朋友大感敬佩。

到了我们这个年纪，同学会也不再如水中月般美好。这时，人生的分水岭已经清晰可见。同学会的目的也不那么单纯了，每个人心里都有心思，华丽的衣服里全是生活的褶皱。

几年前，我陪一位圈里老前辈去参加他的同学会，我的角色是在一旁端茶倒水的。

老人们的话不多，见了面，彼此没有学生时代的勾肩搭背，也没有人到中年的仪式握手，只是把手紧紧搭在一起，一直握着，透着浓浓的见一面少一面的不舍和珍重。

谈到那些已经来不了的同学，在座的都一片唏嘘，然后潸然泪下。酒桌上，他们不再按照次序坐下，而是哪儿顺手，顺势就在哪儿坐下。没人再劝酒，而是“能喝就喝点，血压高就别喝了”。

让我印象特别深的是一位来自四川的老前辈，大家都叫他老梁。他颤颤巍巍地走进包厢，大家看见他都一片唏嘘，很多人已经认不出他了。在他做了自我介绍后，这些老人的记忆也瞬间被唤起。

老梁坐下后，慢声慢气地讲了这些年没有参加过同学会的原因。

毕业后，老梁被分配到国企单位做技术员，一干就是二十多年。后来，国企改革，老梁就提前下了岗。不管是当时还是现在，国企员工都是很有分量的，所以这一下岗，让老梁有点儿无所适从。

在国企的时候，不少老同事都学了点手艺，有的学会了修车，有的做兼职教师。只有老梁老老实实、本本分分地干了一辈子，被体制束缚了一辈子。等到国企把老梁请出门的那一刻，他才发现自己的忠诚还不如一碗饭来得实在。

他参加了一次同学会后，觉得自尊心大受打击。身边的同学都是非富即贵，混得最差的，也在国企有上千块的收入。那时候，一千块的分量可是相当重的。

于是，老梁打算奋发图强，自己跑到昆明郊区搞了个苗圃，准备种鲜花卖。可是老梁已经在国企形成了一套“体制病”，对苗圃不像生意人或农民那样上心。生意不好不坏，勉强能吃饱饭。

为了栽培植物，老梁的手指甲里全是黑泥，指节也严重变形，时常疼痛，人也好像苍老了十岁。于是，他更不愿意参加同学会了。就在老梁快六十岁时，他的老伴患了中风瘫痪在床。老梁关了种植园，在家伺候老伴。

五年前送走老伴，小儿子要结婚，他把房子腾出来，一个人回了农村老家。其间，老梁再没参加过同学会，也没见过这帮老同学。这一错过就是半生。

我清晰地记得，老梁颤颤巍巍的，但在讲述自己人生的时候很平静。没有自卑，也没有抱怨。只是把自己这些年的经历分享给了昔日同窗。

这位老同志给我的印象太深，以至于我现在也不敢懈怠。我害怕终有一日，我也不敢参加同学会，我害怕没能来的同学，都是因为这个原因，一错就错过半生。

我说这个事儿的原因，就是想告诉现在的年轻人：别在最能吃苦的年纪选择安逸，别让未来的自己参加不起同学会，不要一错过，就是半生。

谭飞说：功利性的友谊才是成年人的友谊，如果你为自己的朋友什么都做不了，那你也不能要求别人为你做什么。

有些人，注定就是成功者

最近一段时间，《演员的诞生》这档综艺大火。俗话说：人红是非多！一档综艺节目也不例外。

当然，大部分网友都对节目褒贬不一。但节目组还是选择顶住压力，迎难而上。对剧本精挑细选，对排练精雕细琢，演员们也是个个用心，各展其才。

就我个人看来，《演员的诞生》这档节目其实也像极了章子怡的人生。

章子怡是个极具天赋的演员，因为她的眼神总是带有光和灵性的。我很少这么夸赞一个演员，但章子怡就像是为演戏而生。

她凭借自己的努力、执着以及精湛的演技，很快就享誉国内外影坛。当她身处舆论的风口浪尖时，又顶住压力，韬光养晦，再次声名鹊起。

章子怡就注定是个成功者，因为她身上的特质，让她没办法不成功。

其实，娱乐类型的综艺节目最能展现艺人的本质。之前，我对章子怡的了解也仅仅局限在剧组，局限在一些娱乐媒体的八卦里。但是通过这档节目，让我看见了更加真实的章子怡。她的成功不只有幸运，她的成功是一种必然。

她从最开始拍戏的时候就知道自己真正想要的是什么，她会为了自己想达到的目标拼尽全力。

有人说，章子怡的要求太高，她太没有人情味。我觉得这点没错，她太在乎输赢，也不管别人怎么说。这难道是缺点吗？

不管是什么仗，既然决定打，就不要让自己有所保留，就得拼尽全力，一定要赢。

我通过荧屏，也能看出她跟宋丹丹站在台上，给自己队伍的演员拉票的神情。她想要赢，她渴望赢，这种欲望从她的眼神里流露出来。锐利而充满胜负欲，这才是章子怡，这才是成功者。

即使战败，她也会保持高要求、高水准，也会保持“出战必胜”的心态。章子怡天生就是演员，注定就是成功者，这一切都因为她对艺术无止境的追求，以及对自己高标准的要求。

记得有一期节目，章子怡因为放弃而被广大网友狂喷。

那时张雪迎晋级而被章子怡选中，选择剧目时，她选择让章子怡演一个机器人。章子怡出于尊重，同意了她的想法。

就像每个角色一样，出演机器人，就要对机器人有一个了解，包括它的构造、它的行为举止等。章子怡从来没有接触过机器人的角色，而且，最辛苦的是这个机器人妆容需要上六个小时。

在开始上妆前，章子怡的化妆师就已经初步地估算了时间，并且把时间告知了章子怡。她虽然犹豫了一下，但仍然同意上妆排剧。

在上妆的过程中，章子怡很仔细地研究了剧本，整理了剧情，并抓紧一切时间记台词。但漫长的六个小时之后，上妆效果却并不理想。

同化妆师确认了妆容不能进行进一步修正后，章子怡陷入两难的境地。

一方面，她确实不想让张雪迎失望，不想让她失去一次上台的机会；另一方面，她又不能接受自己在妆容失败的情况下继续排剧。因为章子怡每次出演，都要以最完美的状态呈现剧中的角色，这是她对自己的高标准要求，也是对艺术的尊重。

最后，章子怡艰难地选择了放弃。

这一期，我对这个细节的印象十分深刻，因为她对自己的要求很高，对艺术的追求也很执着，她的成功就是注定的。

她给了我很大的启发，很多演员之所以年复一年的平庸，就是因为缺了她这股劲。很多人都抱着差不多的人生态度，差不多考上、差不多成功、差不多……人生就这么差不多地走向了普通。但是现在醒来，尚未太晚。

除了章子怡，我再说说孙俪。她的《甄嬛传》和《芈月传》脍炙人口，自不必多提。前段日子，《那年花开月正圆》也再次掀起了收视热潮。孙俪不负众望，又一次启动了霸屏模式。很多演员羡慕，很多演员忌妒，可是有没有人想过，为什么每次霸屏的都是孙俪呢?

陈晓说过一段话，能让大家对孙俪成功的原因有所了解。

陈晓说："孙俪如同机器人一样，每天按照自己的作息时间表来，对待工作非常有责任心，是对剧本、对人物的强大的使命感，才能让她把一件事情做得如此成功卓越。"

陈晓坦言，剧组里其他演员，包括他自己，刚进组的时候都是激情满满，但随着时间和拍摄的推进，越到快杀青的时候，人们就越放松。但是孙俪却可以始终如一地保持机器人的工作效率，这也是让陈晓和整个剧组都大感敬佩的地方。

孙俪不仅能塑造一个优秀的角色，还可以高效地处理生活中的其他问题，这也是让很多在家庭和事业中不好抉择的演员大为赞赏的一点。大家都知道，孙俪是两个孩子的母亲，即便如此，在兼顾家庭的同时，也没有耽误孙俪成为一名如此成功的演员。

孙俪在《那年花开月正圆》中的表演让大家纷纷叫好。她简直把周莹的神韵演得活灵活现，孙俪无数次证明了，她什么角色都能饰演。

为什么这么多人都说孙俪的成功是必然呢?看了她对工作的认真态度，看到她如此努力的付出，看到她画得密密麻麻的剧本，想必各位就会了解到其中的原因了。

成功人士的成功绝非偶然，一定是注定的。在别人都舍不得的时候，他能舍；在别人都忍不了的时候，他能忍；在别人都记不得的时候，他记得；在别人都做不到的时候，他能做；在别人坚持不下去的时候，他能咬紧牙关，坚持到底。

成功说白了，就是在光明来临前的那零点一秒，在最黑暗的时刻，在所有人都选择放弃的时刻，他仍知道自己应该干什么。

谭飞说：所有的成功者都是从失败者当中挑选出来的，所谓成功者，就是在别人都放弃的时候依然坚持的失败者。

你真的不愿意拼一把？

对“前怕狼、后怕虎”的穷人来说，我有一句话奉送：本身就穷，折腾对了就成了富人；折腾不对，大不了还是穷人。如果不折腾，就一辈子都是穷人。

刚入行时，经常有些前辈对我说：“不管是什么事情都要给自己留一条退路。”

其实，我不是个喜欢给自己留后路的人。在我看来，“退路”不过是逃避的另一种说法而已。在生活中，如果一个人经常把“退路”挂在嘴边，那他失败的原因八成也是“退路”。

当你给自己铺好后路时，就会有潜藏的懈怠和自我安慰，这种情绪会发展成自我麻痹甚至是自我毁灭。如此一来，后路的意义何在？

我不说成就伟业，但一个人要想干好一件事情，就必须让自己心无旁骛、全神贯注。如果不能全身心地投入，又怎么能坚定不移地追逐目标？人有太多惰性，也有太多欲望。很多人都是因为给自己留了太多退路，加了太多心魔。

当你战胜不了身心倦怠，或者抵制不住诱惑而去享乐的时候，你的事业就会半途而废。

世界成功学的鼻祖拿破仑·希尔提出了“过桥抽板”的理念。当然，这四个字不是让我们过河拆桥，而是告诉我们在做一项无法轻易实现的事之前，最好能切断自己的退路。只有这样才能激发人的潜力，让你能义无反顾地坚持到底。

前段日子，全网都在讨论《战狼2》，稍微看过相关文章的想必都知道，这部电影是吴京用命搏出来的。

虽说吴京拍戏玩命也不是一天两天了，不过在很久以前，观众们给他的角色定位还是白面小生，也就是现在说的“小鲜肉”。

这么说一点儿都不夸张。吴京自己掏了八千万家底，来豪赌一部电影。

《战狼2》的制作过程历时十个月，并且有137天是在非洲拍摄的，这段日子里，吴京就没有回过家。

他在冰岛零下十几摄氏度的雪天里拍摄，拍水下镜头的时候，他真的是危险重重。吴京光一个跳水动作就来了26次，只为了达到最好的效果。

而且，吴京在拍打戏的时候，还坚持不用替身，所有拳拳到肉的惊险动作戏都亲自上。

那时候，吴京还在自己的微博上调侃道：“能活着回来，挺好！”

有这种拼一把的劲头，再大的困难，也能被吴京的执拗打败。也正是这份坚持，才让《战狼 2》以黑马之姿出现在中国电影的青史上。

然而，在得到了成绩与认可后，吴京却对自己的付出不想多谈。他在采访中说："他们老跟我说，导演你应该说自己受了多少伤。我说天天聊这个，你们不烦吗？动作演员受多少伤，那不是应该的吗？"

在生活中，人们经常对要做之事摇摆不定。让人无法全神贯注地投入一件事，这是因为总有这样或那样的顾虑束缚着我们，让我们无法勇敢面对事情的"两面性"。

人们把太多的时间浪费在想一个"两全其美"的办法上。可哪有十全十美的事情呢？我们总要切断自己的后路背水一战，朝着另一面勇往直前。

没有了顾虑，也就没有了后退的理由。一心渴望成功的状态，就能逼迫人们发挥出真实的能力。破釜沉舟，与其把精力浪费在后路上，还不如把宝押在"目标"上。

说到底，"后路"让我们永远无法到达目的地。有了后路，就有了懈怠的理由，"后路"终究只是一种逃避失败的委婉说辞罢了。不给自己留后路，不因为任何事情而退缩，"穷且益坚，不坠青云之志"，才是我们真正该做的。

在我眼里，世界上有两种人。第一种是能够拥有自己想要的生活方式的人。他们涉猎广泛，生活丰富，眼光长远。能在工作之余，饱览世界的名山大川，能在工作之余尽情享乐。他们最渴望的，是追求生命的宽广与自由。

还有一种是无法拥有自己想要的生活方式的人。在他们看来，工作与享乐不能兼得。如果工作，就不能享受；如果享受，就完全没有工作的欲望。你我身边都有这样的人，说不准你自己就是这样的人。

相对于工作，当然是享乐更容易满足。于是，他们便给自己规划了无数条后路，作为自己安心享乐的自我安慰。

很多时候，人们总是习惯性地给自己留有余地。“做事不必做满”，这是中国的一句老话。所以，我有位创业的朋友，连在自己的公司里都不敢拼尽全力，做事总是瞻前顾后，因为害怕失败带来的打击。

后来，在他不得不经历过一些挫折后，才明白自己当初的“后路”有多可笑。有些事情，就算给予了挫折，也不过如此而已，远远不如因为恐慌而放弃来得可怖。他告诉我，选择创业这条路途的人，只能孤注一掷，把身心全部投入公司中，不能给自己留任何余地。

或许在旁人眼中，这样“奋不顾身拼一把”的生活是遗憾的。因为他们过早放弃了柔软的生活，放弃了享乐的欢快。只是铆足劲，往一个目的疯狂冲刺。如果某一天，有人问你这几年过得怎么样，有没有吃过什么好吃的美食，看过好看的风景，你只能茫然以对。

但这些都不重要，你已经不需要通过这些消遣来满足自己，因为你有一项事业，能让你终其一生，为之癫狂。或许旁人看你的奋力一搏是枯燥无味，但结果却是他体味不到的甘美。

当你能不留余地地去努力，你就会发现自己越来越接近你想抵达的地方。

关于人生道路，没有谁能给出一个完美的答案，每个人所处的环境不同、行业不同、机遇也不同。但无论如何，都要拼一把，没谁是天生的失败者。

选择就在你眼前，真的不愿意拼一把？

谭飞说：你羡慕别人给父母买车买房，羡慕别人年纪轻轻功成名就，羡慕别人在朋友圈出了名，羡慕这么多，就真的不拼一把？

第五章

别在最好的年纪，活得却那么安逸

每个人在成长的过程中，都不可避免地经历挫折和失败，跌宕起伏是生活的常态，如果没有一颗平常心，不管生活的坡度多平缓，都会让人备受折磨。

有人二十岁就死了，但七十岁才埋

近来天气日渐和暖，可我却变懒了。

有些人把身上犯懒归结为“春困”，殊不知后面还有“秋乏”“夏打盹”和“睡不醒的冬三月”。

我六点起床，只睡了四个小时就到公园里晨练一番。我突然发现，公园里都是老年人，几乎见不到年轻的运动身影。年轻人，已经早早失去了运动的活力。

曾黎是中戏“八大金钗”之一，也是章子怡和刘烨的同学。一次，刘烨接受采访时说道：“曾黎的条件是我们班公认最好的，但她好像没那么大的欲望。”

就像刘烨说的，曾黎缺乏欲望，缺乏一个向上的动力，这就让她很难火起来。当然，这种无欲无求的性格也是圈子里的一股清流，但在我个人看来，如果选择演员这条路，凡事还是要争取向上一点的。

当年，郑伊健与陈小春饰演的古惑仔太火了，火到了万人空巷的地步。当时，很多年轻人都买他俩的海报来贴。张学友还表示自己应该把天王称号让给郑伊健。由此可见，郑伊健的演技完全没问题，甚至可以问鼎影帝。

但他却对演戏不太在意。现在一提到著名港星，大家首先会想到成龙、刘德华、刘青云、李连杰这些人。其实，郑伊健在当时的影响绝对不比这些人弱，甚至让很多明星都难以望其项背。

郑伊健在最火的时候，没有选择百尺竿头更进一步，而是突然停止自己的演戏事业，跑到各地旅游。这也是后来他的演艺事业停滞不前的原因。如今，我们已经很难再看到他的新作品了，这也是颇让人惋惜的事情。

陈小春有次接受采访时说："郑伊健太爱玩，我忙着工作的时候给郑伊健打电话，伊健说他在埃及，有时候又说在欧洲。"

郑伊健的事业心确实不强，连曾经最看好他的王晶导演也说他缺乏事业心。当然，人各有志，但作为演员，这种玩乐心显然是要不得的。

就像学生的任务就是学习，可大部分人的大学生活都是退休生活：壮志雄心只能保持几天。在努力早起没几天后，励志要奋斗的身影就融入到了广大普通大学生之中。

上课，吃饭，赖床，追剧……

其实，很多大学生都挺鄙视过"退休生活"的自己。明明就有机会飞黄腾达，却偏偏活成了一个平庸得不能再平庸的人。在能好好吃苦、好好奋斗的二十岁，却活成了七八十岁的舒适老人，活该现在痛苦。

很多年轻人，在过了一阵子“退休生活”后开始觉悟。不觉悟不行啊，已经被抛进了社会的大熔炉，总要生活，总得养活自己吧？如果二十来岁还眼巴巴地指望跟父母要点儿生活费，那就太说不过去了。说真的，在二十来岁的年纪，父母身体健康就是上天对你最大的眷顾。不然你想想，你现在混成这惨样，父母生病了你是管不管？你哪有能力管？你是能出人力，还是能出钱？

所以说，趁着年轻，无论如何都要逼自己一把。我不说你的人生是你自己的，因为我们在这世界有太多牵绊。努力不仅为了自己，也为了一天天老去的父母。

于他们而言，人生已经开始走下坡路。我们正值朝阳，他们却开始了残酷的倒计时。虽然他们嘴上总说没关系，能自己照顾自己，但你该当真吗？难道不应该有点儿自觉吗？

这世界上，有谁家的父母不希望自己的孩子特优秀，大家都盼望能跟街坊邻居唠嗑的时候说一句：“我家孩子早就不用我操心了，前两天还给我买了一个……”

对他们而言，这句“炫耀”，就是对他们大半辈子付出的最好回报，也是我们为人子女最基本的孝道。

所以，当你遇到委屈的时候，当你觉得日子特别难过的时候，也要告诉自己没有资格放弃，而且还要给个笑脸继续努力。

不就是吃苦吗？不就是得多付出一些吗？现在不去专心吃苦，怎么承受得住将来暴富？有太多人期盼我们成功，我们还没到“退休”

的年纪。

不过，有些人好像真不这么想，他们的小日子简直过得太舒服。

圈里有位朋友，家里还是很有些积蓄的。为了自己的演员梦，他从一个三线城市来北京打拼。他说自己大学的专业没啥意思，也不喜欢，在剧组跑了几次龙套，觉得也没什么前途，现在而立之年了，就靠打游戏做主播为生。

我工作的时候他在打游戏，我休息的时候他在打游戏，甚至连吃饭的时候都在打游戏。

有次，我问他：“你也老大不小的了，这么打游戏吃得消吗？”

他摆摆手：“没事，我爸又开了家分公司，我这辈子吃老本都够用，干吗不干点儿我喜欢的事？”

就这么着，他一直混到快四十岁，终于对游戏失去了兴趣，准备找点别的事情做。于是，他爸爸打算把公司交给他试着管管。

“天有不测风云，人有旦夕祸福”，电影里常见的戏码在现实中真实上演。他爸爸已经六十出头，以前身体就不好，天气稍微冷点儿就咳血，这次终于没顶住，住进了重症监护室。他一下子就丢了主心骨，对经营管理一窍不通的他，被一位“忠心耿耿”的老员工把公司骗走，他跟他妈妈也失去了生活的全部来源。

已经年近四十的他，除了打游戏什么都不会，父亲还在重症监护室，每天有高额的医药费，母亲也终日以泪洗面，身体每况愈下。最后，他说尽了好话，才谋了个门卫的工作，每个月工资 2200 元。

他在二十岁的时候不懂奋进，悠闲自在地过着“退休”的生活，跟一条咸鱼并无半点分别。到了真快退休的年龄，却为了温饱整日活在绝望里。

这样的人生，不如不过。他的心早在二十岁就死了，不过是等到七十岁才埋。

谭飞说：有些人即便死了，也会流芳百世，为万世敬仰；有些人死了，会有人默默叹息；有些人还活着，但是却过着行尸走肉的生活。

别在奋斗的时间，过退休的日子

“当你不去旅行，不去冒险，不去拼一份奖学金，不过没试过的生活，整天挂着QQ，刷着微博，逛着淘宝，玩着网游，干着我八十岁都能做的事，你要青春干吗？”

你有没有被这句曾经风靡网络的流行语唤起心底那丝早已冬眠的上进心？

时光如白驹过隙，转瞬即逝。花开花落，岁月蹉跎匆匆过。最让人叹息的事，莫过于恰同学少年，却在最该学习的时候选择游玩，在最能吃苦的时候选择“退休”。自是年少，却韶华倾负，再无少年之时。

如果你在人生最该吃苦的时候，错过了最为难得的奋斗，那你对生活的感悟也会浅薄。

究竟什么程度，才算吃苦呢？当你坐在办公室整理资料的时候，抱怨自己真的很辛苦，那请你看看那些体力透支，却食不果腹的劳动者，你在一间有空调的写字楼里，敲敲键盘理理资料就算是吃苦吗？你坐在明晃晃的教室里看书学习算吃苦吗？

如果你给自己的人生画出了一条很肤浅的吃苦线，那就难怪你一直过“退休”日子了。

剧组有位女性朋友，三十多岁，却整日活在幻想里。身边人都说这样的性格好，很傻很天真，很容易感到幸福和满足。

当她看了《杜拉拉升职记》后，天天都幻想自己能进入外企。她觉得外企真好，能衣着光鲜地进出高档写字楼，嘴里说着流利的英语，兜里拿着让人眼红的薪水。

当她看了《亲密敌人》后，又觉得投行男真的好帅！开着凯迪拉克，喝着红酒，漫步在澳大利亚的海滩上，随手一签，就是几百万的合同。

当她看到一本好书后赞不绝口，觉得写书的人真厉害，能打造一个奇幻的世界，纵情挥洒自己的创意。

当她看到一位做房地产的朋友能每天跟各种有钱人出入各种高档场所，吃着精致的菜肴，戴着考究的名表，住着奢华的别墅，她就觉得做房地产真的好赚钱。

当她看到一位快消人员能够在世界各地出差，朋友圈里都是名胜风光，住在五星级酒店，她就觉得做快消原来这么风光，好羡慕。

……

其实，大家说她很傻很天真，是因为她很轻易地就能疯狂爱上一种扬扬得意的状态。这种状态只是刺激，却不是梦想，而这些风光的背后，也不是她想象的那样简单。

他所吃的苦，是每天只能休息三个小时，查数据的时候，要从十年前的数据一直查到昨天，再一点点地做着细致的对比和分析。

他所吃的苦，是为了争取一个客户，不得不翻山越岭，甚至和农民工一道挤在卧铺大巴车上，冒着行李被偷被抢，冒着山区翻车的风险，在周围诧异和好奇的眼神里敲着键盘。

他所吃的苦，是为了制定一套更合理更系统的管理方法，一天到晚地跟各个领导去沟通磨合，去询问、去思考，跑断了腿，受尽了白眼。

他所吃的苦，是为了能签下一个大订单，不得不独在异乡为异客，在地球彼岸通过互联网一边看着祖国新年的团圆，一边装饰着自己的相思梦。

他所吃的苦，是为了一个即将上市的项目，在三天时间里，必须精读几十万字的材料，让自己在短时间内，从一个一窍不通的门外汉，变成一个行业的专家。

他们曾经许多次摔倒在生活的泥沼里，甚至让别人从自己的身体上踩过去。但最后，也是他们取得了让人艳羡却又望尘莫及的荣耀。

因为他们是懂得吃苦的人，他们知道自己该在什么时候做什么样的事。只有这样的人，才能承担起成功那种厚重的魅力。他们的一切都禁得起岁月的推敲。

随着年龄的增大，我越来越能看清成功人士背后令人羡慕的原因，有些事情我也是亲身经历过，懂得那些让人羡慕的东西，不是一两句话就能拂过去的赞叹，而是一代又一代人努力的结果。

我有位同行，他曾说过这样一句话：“别人拥有更多的财富、更多的人脉资源，所以他们的孩子，能站在父母的肩膀上轻松得到机会。”

我父母那一代人，他们大多是老实巴交的农民或工人。就比如说我身边有位老领导，读过几年书，由国家分配工作。他们的思想和奋斗，形成了一些鸿沟。到我这一代，有的人还是选择当农民，有的人已经不满足清贫，这又造成了一些鸿沟。

到我孩子这一代，已经经历了大半个世纪。形成的就是巨大的鸿沟——业务知识、职位、财富、思维境界千差万别。

有的父母逐渐发现了自己的劣势，于是把所有的希望都寄托在下一代身上。

很多孩子都不喜欢父母对自己的安排，殊不知，这是他们不想把自己年轻时就“退休”的悔恨，再让下一代体味一遍。

每个人在成长的过程中，都不可避免地经历挫折和失败，跌宕起伏是生活的常态，如果没有一颗平常心，不管生活的坡度多平缓，都会让人备受折磨。

其实，你现在的定位在哪里，并没有那么重要。只要你有一颗永远向上的心，你终究会找到那个属于你自己的方向。

所以，请不要在最能吃苦的时候选择安逸，没有人的青春是在红地毯上走过的，既然梦想成为那个别人无法企及的自己，就应该选择一条属于自己的道路，为了到达终点，付出别人无法想象的努力。

谭飞说：年轻人整日散步遛鸟，过退休日子，那你是指望在七八十岁的时候干活？还是指望让你的子女拼命养你？

你的平凡安逸，只是没长大的标志

只有没经历过挫折和失败的孩子，才会觉得平凡安逸挺好。

不知从什么时候起，我经常能够听见身边的朋友谈论孩子的教育问题，一位制片人说，自己打算送孩子出国读研究生；另一位道具人员说，自己家孩子毕业实习，找了熟人推荐进了一间大公司的总部。

刚入行的年轻人感叹道："这个社会真是有钱人的生活才叫生活啊。像我们家这个阶层，没钱没资源，我也没有那么多的机会，也没那么高的起点。"

"阶层"是这几年一直很火的话题。人们在茶余饭后，都热衷于谈论一下所谓的阶层。在这个词背后，其实就是各种财富、人脉、资源、平台和机会。

小时候，我就经常听街坊邻居说："哎呀，我们跟人家可比不起，人家多有钱啊，认识的人多厉害啊。"

等我二十来岁时，身边的街坊邻居还是会说："你看那谁家，又换新房子啦！哎，还是有钱啊。那个谁谁家的孩子，出国留学啦！哎，家里真有钱啊！”……

为什么“有钱”二字能让人如此感慨？无非是看见了自己跟对方的差距。然后呢？除了羡慕和当茶余饭后的谈资，他们也没有别的行动了。

我一向不爱参与这类话题，每次听到这样的言论，我都有些纳闷：“与其这么羡慕别人，为什么自己不努力？只要你做到跟人家一样，不就用不着如此羡慕了？”

有一次，我把这句话说给邻居听，邻居连连摆手：“别，我觉得平凡点挺好，我安逸日子过惯了，有钱人都不幸福。”

我这才明白，他们对有钱人的谈论，真的只是谈论而已。除了那一刻图个嘴快，根本激不起什么实质性的作用。又或者，大家感叹的那些差距，其实只要追一追就可以达到的，因为懒，或者安于“平凡”，在一番感慨过后，又重新回到满足现状的状态。

很多人说：“我家里穷，根本当不了比尔·盖茨，家庭条件所限，我也没办法。”

没人让你试图成为比尔·盖茨那样影响世界的超级富翁，但你这样条件的，完全可以在努力的基础上，做一个年收入几十万甚至几百万的富人吧？

娱乐圈有很多人，他们在入圈之前生活相当困顿，安逸的生活也离他们相当遥远。

就拿阿娇来说吧，她的生父在她一岁那年就病逝了。当时，阿娇的母亲只有二十岁左右。后来，阿娇的母亲再婚，继父对阿娇很好，阿娇安静乖巧，对继父也并不排斥，跟同母异父的妹妹感情最为融洽。

因为阿娇面容姣好，加上母亲的推动，她很早就做了兼职模特，给一些杂志拍平面照片。阿娇曾经说，因为小时候没有爸爸，家里一直靠妈妈支撑，所以自己长大了，就希望能让家里的生活过得好一点儿，当初入行就是为了生活安定。

同样的还有郭晓冬，他出生在山东沂蒙山老山区的一个农民家庭。高一同龄孩子都去上学，他却因交不上 33 元的“巨额”学费，只能无奈地选择辍学。

之后，他为了谋生当过清洁工、建筑工、雕刻工、邮递员、服务员，还在剧组里跑过龙套。回忆起当年的情景，郭晓冬说：“跑一天的龙套会给我十块钱，并且还管一顿饭吃，我觉得这是很大的收入，既能有经济的回馈，又能解决温饱问题。”

我认为，这种过早与安逸告别，勇敢承担起生活强加给自己的与年纪不相符的责任感，才锻造出郭晓冬那朴实真诚的性格特点。他敢担当，肯努力，能一步一步实现自己的演艺理想，这是很难得的。

从毕业到现在，我已经工作了很多年。这几年，我不敢说自己取得了多么大的成绩，但确实通过努力，给自己和家里都打下了一片还算不错的天地。

比如，我没有跟父母要老本买了房和车。也许有人会说："这有什么大不了的？工作几年后，谁都能做到这一步。"

但我能在没有任何援助的情况下，在北京买得起商品房，我就觉得自己很了不起。比起靠父母，当然更应该靠自己。这样才能摆正心态、接受现状，只有接受自己不甘平凡的现状，才能立足当下、继续努力，在接下来的行动中保持希望和信心。

只有安心地接纳自己，发现自己的长处和乐趣，找到工作之余能安放理想和目标的地方，才能真正感到踏实、有底气。

有人之所以感慨、艳羡别人家孩子起点高、资源好，原因就是自己做不到别人那样。既然不能给孩子提供这么好的资源和机会，就要正视你和别人之间的差距。差距是客观的，可如何去弥补这些差距是主观的。如果你不能用主观去弥补客观，那就只能一辈子过艳羡别人的生活。

人们总说，平凡可贵。可真正的平凡可贵是指心态上的平和与安然，而不是碌碌无为。如果你一边享受着嘴里的"平凡可贵"，一边感慨着人生不公，那你就不是平凡可贵，而是变相承认了自己的庸碌。有能力、有目标的人不会艳羡别人，只会努力追赶。

今天的我非常努力也达不到别人的高度，但是我能在自己的生活中做到最好。人生应该是看着自己的过去和未来，而不是比较着自己和别人的过去与未来。

所以，请别再用平凡可贵来凸显你的不成熟。

谭飞说：现如今，有很多年轻人都活成了叼着奶嘴的巨婴，贪婪狠毒地榨干父母的最后一丝力量。

你四十岁的好坏，要靠现在的你买单

很多人抱怨自己“一步错，步步错”，其实追根溯源，原因都是不思进取。

某次拍戏结束的时间早，我与几名友人开车去吃消夜。北京的夜晚永远是拥堵的，堵车期间，身边开过一辆 MINI Cooper，车主是个女性，看上去年轻漂亮。后排一位同行的女士白了 MINI Cooper 车主一眼，不屑地嘟囔了一句：“这么年轻开 Cooper，不是小三就是富二代。”

这话有点儿酸，细想却不无道理。这位女车主看着像个大学生，如果不是以上两种情况，怎么能开得起五六十万的车？

副驾的朋友听完后排女士的话，看了一眼 Cooper 车主，却不由得“哎”了一声。一问才知道，那个女车主竟然是他们合作公司的销售部高管。

我们都吃了一惊，后排女士更是不信：“这么年轻的高管，该不是她爸的公司吧？”

我这位朋友摇摇头：“你不知道？她是那家特有名公司的销售部

高管，看着挺年轻的，其实也有三十岁了。她爸妈就是普通的职员，一毕业就干了销售，别看是外地人来北京，人生地不熟的，可从第二年开始，人家年年都是销冠！”

我这位朋友姓赵，自己也是开公司的。他跟我们说，他们公司招聘的女士归结起来有三种：一种是行政文员，也就是秘书；一种是坐销，就是坐在前台，等客户上门；最后一种是行销，也是最辛苦的一类。

他在每次面试时，都会让应聘的女士自己挑选。虽然HR告诉她们，行销的底薪和提成是最高的，前途也是最好的，但她们愿意干行政类，或者坐销类。HR说，如果当行销，未来有很大概率做经理，转到行政部或项目部都是很容易的事，可她们仍然不改变自己的选择。

朋友说：“她们的选择顺序，正好是与赚钱多少相反的，真是怪了。”

后排的女士说道：“有什么好奇怪的，大部分人都想找个压力小的、稳定的、清闲的工作，就算赚钱少，升职机会小，也不愿意拼一把。”

朋友摇摇头：“这样的人，我连秘书岗都不会聘用，因为她们根本没有事业心。”

现如今，经济发展如此迅速。如果女人决定在家当全职太太，基本上是因为她已经决定退休。如果让女人做全职太太是男人的决定，那确实是太自私。

朋友如果亲自面试，都会给应聘的女孩子讲这个道理。但大部分的女生都说，她明知道会这样，但还是不想吃苦，不想活得太累；或者说她相信她选择的男人，不会抛弃自己。

每当应聘的女生说自己不想吃苦时，我朋友都会有些无奈，他会吐槽道：“什么叫吃苦？这帮小姑娘是真没见过吃苦的工作。出去看看人家搬家公司和工地上的人，你在办公室里打打电话就算吃苦？我们写字楼有空调，有咖啡机，还有午休区和餐厅。环境可以说没得挑，在这种环境下查查资料看看书，给客户打个电话也算是吃苦？”

我让他别激动，其实，我认为这也是中国当今离婚率居高不下的原因。

所谓中国式离婚，原因就是社会把女人定位在“生孩子的工具”上。很多女性朋友在生完孩子后，就沦为了一家的保姆。

朋友说：“别忘了，这些女士也曾经受过良好的教育，也曾经有过梦想。可是什么改变了她们的人生轨迹呢？女人当然要有自己的事业，女人四十岁以后的好坏，都要靠年轻时候的奋斗。光靠男人怎么行？”

后排女士不同意了：“这么说，女人不但要生孩子、养孩子，还要赚钱养家呗？”

我摇摇头：“女人的事业与爱情无关，毕竟四十岁的生活，除了自己，谁都靠不住。”

我有位朋友，她之前是圈里的三线小明星，现在已经当了家居设计公司的副总经理，人看上去文弱安静，但在事业上却是个女强人。

在临产前，她自己开车去了医院。一个月不到，我给她打电话表示恭喜，但她人已经在广西出差了。

在电话里，她开心地说：“谢谢，孩子很健康，家里安排得也很好。我现在已经快回去了，等改天可以聚一下。”

她的例子可能有些极端，但是说明了很多问题。

世界是复杂的，幸福的家庭是一样的，不幸的家庭各有各的不幸。

很多女性朋友说：“我老公才不会抛弃我，他会养我，只有老板才会这么卑鄙和务实。”

可正是广大女性嘴里这个卑鄙的老板，却在公司里边给予女性和男性一样平等的晋升机会。他会为了那些有天赋的女职员早早退场而痛心，也会给予那些曾一起并肩作战的女职员充分的机遇和嘉奖。

不管是男性还是女性，在四十岁的时候，都会成为家里的顶梁柱。四十岁的时候，你能不能给孩子良好的教育环境；四十岁的时候，你能不能带父母看得起病，旅得起游；四十岁的时候，你的积蓄能不能养活自己，能不能帮衬到孩子……

这一切的一切，都要看你现在的努力。

那些还天真烂漫、养尊处优、抱怨忧郁的年轻人，你的四十岁也许很遥远，但很快也会到来，一切快得就像即将到来的明日。

对女士来说，如果老天善待你，给了你能干的丈夫和优越的生活，请不要收敛自己的斗志；对于男士，如果老天对你毫不疼爱，百般设障，也请不要磨灭对自己的信心和向前奋斗的勇气。

谭飞说：要记住，你十四岁的好坏，是父母给你的；而你四十岁的好坏，要靠现在的你决定。

别怀疑，你已经不是小孩了

成熟似乎是件很残酷的事。很多人说，成年人的世界没有那么非黑即白。

小时候觉得人生无非是对错，但就像韩寒《后会无期》中说的那样，只有小孩子才分对错，大人只看利弊。

可无数成年人却觉得，自己的生活才是非黑即白的。因为它代表了青春的流失，以及梦想的褪色。可是，人生就是不断走向成熟的过程，遇见更好的自己，然后抛弃旧的自己。

当然，我说的成熟不是市侩和庸俗。现如今，这种“成熟”逐渐成为社会的主流：苟且偷生，唯利是图。这种小人的成熟是不值得推广和羡慕的。

当然，成熟也不是偏执。成熟是一种心态，一种责任，是遇到事情不逃避，而是着手寻找解决办法的担当。

一个人走向成熟是困难的。诚如纪伯伦所说：“除了通过黑夜的道路，无以到达光明。”

让人很无奈却又很真实的命题是：成熟总和人生的挫折联系在一起。

挫折是“苦其心志、劳其筋骨、饿其体肤”，它承担了“传道授业解惑”的作用。只有经历了挫折、面对挫折、解决挫折，才能让你走向成熟。通往成熟的道路没有终点，只有行程。

要知道，成熟是相对的，而幼稚才是绝对的。成熟不是让你不犯错，而是让你犯了错后，能吸取教训，不在同一个地方摔倒两次。

成熟不是举在手中的酒杯，也不是夹在指间的香烟，更不是小资情调的自我伤感和民谣的淡淡忧郁。这种刻意表现出来的成熟，不过是幼稚罢了。所以，这类人经常被说成浅薄。刻意表现成熟，不过是年轻和幼稚这两种人的通病。

我有位赞助商，随着年龄的增长、阅历的增加，他却完全没有成熟，甚至在行为上相当幼稚。在洽谈会上，他坚持要喝黑咖啡，并且全程用淡淡的口气说话，给人一种沉稳的感觉。但他喝不惯黑咖啡，酸苦的口感让他立马蹙起了眉，咧起了嘴。

在座的人都在心里暗自发笑，可为了他口袋里的赞助，表面上都装作若无其事的样子。洽谈会结束后，我们照例要一起吃饭，一位制片人对我说：“这位赞助商还挺可爱……”

当然，这种无伤大雅的行为，加上他口袋里的赞助，让我觉得的确可爱，甚至有一丝平易近人。但如果换种情况，换个身份，你还会觉得他可爱吗？只是浅薄无聊罢了。

从某种意义上说，大部分年轻人都是不成熟的，甚至一批中老年人，都有着思想方面的“残疾”。年轻人大多性格叛逆，因为他不知道那些最基本的、他本应该知道的事实：

父母总会老去，你不可能永远当个孩子；不要把父母对你的要求，放到你的孩子身上；你不努力，早晚有一天，你年迈的父母不能再替你奋斗；除了能抓到手里的，所有的都靠不住……

很多90后都惊诧这样一个事实：十年前是2008年，而不是1998年。

是啊，你已经不是小孩子了。当你十八岁成年的时候，你还可以说自己懵懂无知，像个孩子；但如果你已经超过二十三岁，那么，请醒醒吧，你已经不是孩子了。

不少年轻人接受不了二十五岁就步入中年的现实，因为他们还没有在青春的尾巴里纸醉金迷够。可青春的尾巴，谁又能抓得住呢？

二十三岁之后，成熟变得迫在眉睫。

不少人开始储蓄友谊。因为他们发现，成年时期结交的朋友，大多与自己利益相关。孩童时期，我可能会因为你的可爱，甚至可笑，就跟你成为好朋友；但长大后，我不可能因为你可笑，就对你掏心掏肺。

二十三岁，这个年龄已经不允许你不成熟。很多时候，你都要学会放手。当你无力把握住什么时，就要学会随缘，让自己的身心都能够重新开始。小时候，你喜欢的玩具，想得到的东西，父母都会想方设法满足你，但成年后，你要学会对不能得到的东西放手。

有位朋友说：“尘间有两苦，一是得不到之苦，二是钟情之苦。在你付诸努力的前提下，所有的、想得到的都当作一场赌。胜之坦然；败之淡然。好在这年龄还具有一定的资本，我们可以卷土重来。”

步入成年后，岁月和生活的经历会帮你磨平棱角。你不再是一点就着的愣头青，而是一个会考虑后果的成年人。有些事情，该忘记的也需要你默默忘记。

有些失败，经过一次，就长一次智慧；有些痛苦，历练一次，就丰富一次成功。

不少人都觉得自己胖、自己丑……年轻人选择节食和运动，而部分成年人却靠吃药、手术或美容。与其把大部分时间浪费在手术台上，还不如去享受运动，以健康的心态保存你的青春。

人到而立之年，需行而立之事。

今日，步入成年之人所承受的苦，与上一代、上上一代人相比完全不算什么。因为社会在进步，他们触手可得的东西太多了，能够选择的机会也太多了。

不可否认，这是社会的进步。但刚出象牙塔的年轻人也更容易迷失自我。如果年轻人不想被飞速发展的社会淘汰，就要在自己的肩上承担起一些东西。成熟，不仅说明这些年轻人成了社会的主体，同时也成为家庭的支撑。照顾弱小或衰老的家庭成员，是必须承担的责任。

所有年轻人，都任重而道远。

谭飞说：最可怕的，是十年前是2008年，而不是1998年。你早已经成了大人，只怕你没有长大成人的自觉。

他的二十岁，可没有你这么“迷茫”

新东方董事长兼总裁、洪泰基金联合创始人俞敏洪说：“我能够走到今天，有一个重要的原因，就是内心有一种渴望，希望明天能比今天更好，希望明年能比今年更好，希望之后的五年能比现在的五年更好。”

迷茫，是这一代年轻人的通病。这也不怪他们，上一代人大部分都被国家分配到各个岗位，而这一代人选择的机会太多。因为有了更好的渴望，人生自然会被引领前行。

当然，年轻人必须弄清楚到底什么才是心里的渴望。有正确的渴望，也有错误的渴望。比如一些落马的政府官员，他们爬那么高，内心也是有渴望的。但他们不是渴望把工作做得更好，不是渴望为人民服务，而是渴望拿钱拿权，这就走偏了。

也有很多商人或企业家，在创业之初希望把自己的企业做好。但随着企业越做越大，他们的渴望也越来越多，尤其是在钱的方面。

到后期，都不管钱是怎么来的，这就走偏了。

有渴望很好，但是这个渴望要建立在正向的志向上，保证做人做事不能偏离正轨，才能让自己的道路越走越宽。

我希望年轻人都能给自己定一个终身的目标，比如当一名伟大的政治家，或者当一个优秀的企业家。当然，大部分人都不能从最开始就把自己一辈子想做的事弄清楚。

有人觉得，人生迷茫点亦无不可，甚至有不少年轻人，把迷茫的原因归结在年龄上。

可据我所知，所有成功人士的二十岁，都没有你这么迷茫。

俞敏洪的人生就是这样一步一步走出来的，他在二十岁的时候，就知道自己究竟想过什么样的生活。随着移动互联网时代的到来，他明白自己的时代来临了。他清晰地知道，要把自己对时代的认知，运用到新东方未来的发展中。

他说："向我探讨的年轻人中，我一直不太欣赏那种好高骛远、想一口吃成胖子、没有任何基础就想做下一个马云的人，甚至他长得可能还不如马云好看，这样的人我认为成不了大事。不管现在的社会变迁多么迅速，人和事都依然是一步一步叠加做成的。"

迷茫，只是对自己能力的不自信，你不知道自己的优势在哪里，也不知道该如何发挥自己的优势。生命的品质，就在于我们如何充分利用自身的优势。

对生活有目标的人，成功不过是一步一步走向心中圣地的旅程。

而对于没有目标的人，终其一生，忙忙碌碌，也只不过帮别人达成了目标。一生都在为他人作嫁衣，被动由他人支配自己的时间。

一个人首先要正视自己的生活，要花时间去改变命运、改变生活，而不是成日抱怨老天的不公。谁都没办法挽回昨天，也无法预支明天。但我们能改正昨日的错误，为明日的成功做准备，我们能把握住今日的每一分、每一秒。

成功的人很少迷茫，因为他们既不会为昨天发生的事情后悔，也不会为明天还未发生的事杞人忧天，他们只知道脚踏实地，做好眼前的每一件小事。

我有位友人，他在高中时期就知道自己想做什么。出身书香门第的他，却不想当个受人尊敬的学者。他渴望在商界一展拳脚。

这种想法让他的父母很焦虑。他提出高中辍学不上了，但受到了家人的强烈反对，一向开明又温柔的母亲，甚至拿起了安眠药以死相逼。终于，他还是妥协了，答应父母考大学，甚至连大学和专业都交给父母做主，自己只负责考上即可。

他家里都以为他断了经商的心思，于是额手称庆。但怎么可能？他上大学的时候，发现送货是个很不错的经商方案。于是在宿舍楼和告示栏都留下了自己的门牌号，帮助不想出门的同学带水或吃的。

在那个年代，这个想法还是相当新潮的，于是，他靠运费和小卖部的“回扣”，淘到了自己的第一桶金。

毕业后，他家里让他去当教师。他想了想，说道："我打算开个学校，让大家共同进步。"他父母听了特别欣慰，教书育人本就是他家最崇尚的事情。

就这样，他在北京办了一家教学机构，还请了几名老教师"撑场子"。没出一年，他就赚得盆满钵盈。然而，他并没有就此满足，而是打算一步一步实现自己的雄心壮志。

他把针对中小学生的教学机构逐渐扩大成培训机构，加入了成人英语、旅游英语、考研培训、考级培训等。数量也从小区附近扩展到全北京，甚至还开到了石家庄。

他从来不懂什么叫迷茫，在他看来，自己只是在跟时间赛跑，照着心里的蓝图一步一步走罢了。

就像他说的那样："要跟时间赛跑，就要善于利用时间，不要迷茫，也不要犹豫。犹豫迷茫是成功的大忌，是浪费时间。而浪费时间往往是绝望的开始，也是幸福生活的扼杀者。"

在人生面对选择时，与其拖延待命，倒不如在前进中寻找机会，在变化中寻找机会。只要你决心够大，眼光够准，人生关键的突破口总能找到，因为变化时时刻刻就在你的身边！

为往事悔恨，为未来担忧，是人一生中最有害的两种情绪，它们不会为你改变过去和未来，却容易让人陷入惰性与悲观的泥潭，失去最宝贵最应该珍惜的现在！为将来牺牲现在，其实质应该是抓住现在的时光去脚踏实地地努力，同时也要在现在享受每一天的快乐，每天都收获想要的快乐幸福，一天天靠近幸福的目标。

年轻人，切记不要迷茫。

谭飞说：很多年轻人把不愿奋斗归结成“成功前的迷茫”。不要让自己始终处在迷茫期，因为成功人士的二十岁，并没有你那么迷茫。

第六章

他成功的原因，只是比你少了几分抱怨

这个世界上到处充斥着抱怨之音，因为这世界上有太多庸碌的人。渴望成功，但是又不愿奋斗；在没有付出的情况下没有收获，却抱怨这个世界待他不公。这是何等好笑又悲哀的事。

怨天尤人的性格，才是你失败的原因

总有人不知道自己是如何失败的。他们常说：“这是个充满仇恨的世界。”然而，就算这世界充满仇恨，我们仍然要怀抱希望，敢于梦想。

人到中年，似乎嘴也变得琐碎起来。事业、父母、孩子、爱人……似乎每天都有抱怨不完的话题。殊不知，正是这怨天尤人的性格，才是你生活失意的根源。

之前，剧组有个摄像，在工作之余，经常抱怨各种事情。他带着孩子去动物园时，顺便也带上了自己的父母，可是却一直催促父母快走。他说：“人老了，腿脚不灵便，我叫他们快些走，他们还磨磨叽叽的，游客都看着我，我都臊得慌。”

我皱了皱眉，问他：“你小时候，他们教你走路可没这么不耐烦吧，怎么角色互换后，你就烦了呢？”

他摆摆手：“那时候我小，能一样吗？不说我父母，我妻子也是一样，整天在家就知道逛淘宝，闲得很，不像我天天赚钱养家。”

剧务打断他：“嫂子多贤惠啊，每天看孩子做饭收拾卫生，你家多干净啊。”

他一撇嘴：“这不是她该做的吗？一个没工作的，这点事再不能做，我娶她干吗？你看看人家有的女人，长得也好看，带孩子、做家务也什么都不耽误，一个月还能赚几千块。她呢？”

这下子，剧组里的女同事不干了，纷纷开始讨伐他，替他妻子抱不平。

要知道，婚姻并非“1+1=2”，而是“0.5+0.5=1”。也就是说，两人各削去一半自己的个性和缺点，然后拼凑在一起才算完整。

后来，这位摄像辞职了，理由是工作压力太大。我知道，他绝对会后悔，因为以他怨天尤人、唯我独尊的性格，摄像就是他这辈子的高峰期了。他不会再做出更成功的事。

都说娱乐圈赚钱，我不否认，你只看看那些身价动辄上亿的明星就知道了。

近年来，“小鲜肉”在圈内引起了不小的争议，因为很大一部分年轻演员的片酬过高，且演技跟不上，又喜欢耍大牌。

对于演员的“天价片酬”问题，央视还曾专门报道过，批评一些“小鲜肉”的片酬奇高，但“拍出来的东西却很难看”。我可以这么说，目前，一些流量“小鲜肉”的单部剧酬劳，已经需要用“亿（人民币）”来计算了。不少剧组聘请“小鲜肉”做主演，其片酬需要花掉整部剧投资的一半以上。

当然，随着我国经济的稳步增长，这几年影视业的发展也相当迅速。

在激烈的竞争下，不少制片人都需要倚靠“小鲜肉”来争抢收视率。

然而，当红的“小鲜肉”就这么几位，在一个时间段内，个个都要争，档期就会撞。但是赚钱的事情，谁会拒绝呢?

当然，圈子里每年都会新晋一批“小鲜肉”。有些人红了，另一些就会被比下去。

我看过很多这样的例子。有同班同学为了一档节目反目成仇的，有抢别人资源的，有买黑粉去攻击人家的，比比皆是。

圈里有个主持人，在这里我就不说名字了。他跟一位很火又很努力的演员合作，表面上俩人很好，暗地里却满剧组诋毁人家，影响很不好。

人家当红演员是真的努力，平时补妆的时候也要抽空记台词，他却一副娘娘腔的样子，到处抱怨人家这不好，那不好，这不如他，那不如他，让我很看不惯。

有一次，他跑到我面前，跷着兰花指啜了口咖啡，娇声娇气地说：“其实他也没多好，我俩对词的时候，他记性还不如我好呢。你说他怎么这么多资源啊？真是……”

我忍了忍，还是没有发作。

这个世界上到处充斥着抱怨之音，因为这世界上有太多庸碌的人。渴望成功，但是又不愿奋斗；在没有付出的情况下没有收获，却抱怨这个世界待他不公。这是何等好笑又悲哀的事。

对于年轻人，在人生中最好的年纪，还有什么好抱怨的呢？如果你有梦想的话，那就试着去实现它啊。

有人说，全世界都针对他。其实，世界上哪有那么多针对，而且就算是真的，抱怨又有什么用呢？宽容别人，其实也是给自己的心灵让路。只有在宽容的世界里，人，才能奏出和谐的生命之歌！

当明天变成了今天成了昨天，最后成为记忆里不再重要的某一天，我们突然会发现自己在不知不觉中已被时间推着向前走。这不是在静止的火车里，与相邻的列车交错时，仿佛自己在前进的错觉，而是我们真实地在成长，在这件事里成了另一个自己。

所谓长大，就是把原本看重的东西看轻一点，原本看轻的东西看重一点。

不要抱怨生活对你不公平，因为生活根本就不知道你是谁。

谭飞说：很多人说，我没有成功，是因为我家庭条件不好，运气不好，各种不好。其实，抱怨客观条件的你，才是最不好的。

胜者常谦谦，败者常戚戚

“我只是碰巧了，其实你才厉害。”

第一次听到这么让人舒服的说法，还是我刚出来打拼的时候。那时候，有个朋友跟我住的地方离得很近。他还是个读大二的学生，靠自己创业赚了不少钱。看着他每天白天忙得脚不沾地，晚上数钱数得不亦乐乎，简直羡煞旁人。

于是，我找了个机会跟他聊了一会儿。他没说不爱钱之类的话，只是告诉我，他一直在不断努力，希望有一天能像那些成功者一样，对大家能轻描淡写说一句：“我只是运气好而已。”

同时，他告诉我：“你不要听那些成功的人讲自己运气不错或碰巧之类的话，那只不过是对没日没夜的努力的一种替代回答。”

的确，只有你成功了，才有资格说自己是碰巧，是有个好机会，是自己运气好。成功的人才有资格谦虚。毕竟这世界上，没有哪个失败者会说自己运气好，反而总是怨天尤人，跟身边的人抱怨自己生不逢时、怀才不遇，或天生就倒霉。

果然，没过多久，我就听到他谦虚地对一个女生说道：“我只是碰巧了，其实你才厉害。”

如今，圈里有很多甚至还未成年的“小鲜肉”，他们有一大批拥戴者，出入的排场赶上古时候的皇上出巡，那叫一个声势浩大。虽然圈子里的艺人，干的的确是名利双收的行当，但总能看见这些明星叫苦不迭。

有些老戏骨，为了拍戏落了一身毛病，拿的片酬还不如做小买卖的人多。而现在的大部分“小鲜肉”，拿着上亿的片酬，连拍戏站个位都要用替身，可他们照样能得到粉丝的各种宠爱。

“小鲜肉”嘴里的苦是叫个不停，但从来没见过哪个“小鲜肉”因为受不了“苦”而退出圈子的。反过来，为了待在娱乐圈里不择手段的倒是大有人在。什么炒绯闻，什么塑料情，为了红，他们什么事情都能做出来。说下跪就跪了，说哭就哭了，总之一句：

我在娱乐圈苦啊，但我为了梦想不能离开！

跟这些叫苦连天的“小鲜肉”不同，演员葛优就显得太过耿直了。葛优就在新片宣传时，在现场谈到演戏吃苦的问题，他说：“看到剧本里有上山、下水泡着的戏，那我就要考虑要多少片酬了。提了（钱），人家也给了，那我就不辛苦了！”

葛优坦言，整个演艺行业都不必喊辛苦：“干这行都不辛苦，给的钱都挺多的。”

葛优这番话，不知道打了多少“小鲜肉”的脸呢?

在网友眼里，葛优可以说是圈子里的业界良心。

为什么人们总是说“越努力越幸运”，因为机会都是留给有准备的人。如果你能在通往成功的路途中不断前行，就能看见沿途断断续续出现的各种机会。

可如果你压根儿就没有行动，而是蹲在起点等着天上掉馅饼，别说你等不到，就算等到了，也可能被馅饼砸死，或者根本消化不了这个馅饼。

我抽空会看一些访谈类的综艺。记得之前看过一期《金星秀》，邀请的嘉宾是王凯。很多观众那时才知道，王凯作为演员已经出道了十年。

很多人说，王凯是沾胡歌的光，说跟胡歌拍戏的都火了。大部分人都是因为《伪装者》和《琅琊榜》才关注的王凯。其实，人家已经在你看不到的地方默默努力了十年。正是这份努力，才让他有接这些戏的资格。

所以，没谁的成功是不需要努力的。

如今大红大紫的李易峰，其实早在2007年就出道了；孙俪在《情深深雨濛濛》中只能担任为赵薇伴舞的角色；周星驰最开始也是从跑龙套做起的。

当我们为衣着光鲜的明星艳羡不已的时候，又有什么借口自己不去努力呢?就像那句歌词，“不经历风雨怎么见彩虹，没有人能随随便便成功”，这些都是最朴实、最正确的道理。

我个人非常喜欢一句话，我经常用这句话鼓励一些小年轻：“你一定要努力，但千万别心急。”第一次看到这句话时，我就觉得很亲切。不少默默付出但还没见到回报的人都觉得，这句话是莫大的鼓励。

要知道，种一棵树最好的时间是十年前，其次是现在。

如果你还没开始努力，那就抓紧时间行动吧。十年之后，你会用一辈子的时间，感激今天的自己。如果你已经在奋斗的路上，那么请继续，千万别急，好运会在不经意间光顾。

成功人士总是如此告诉别人，却把谦虚留给自己。虽然谦虚是一种美德，但正如我之前所说，只有成功的人才敢谦虚，才有谦虚的资格。

成功人士都是明白人，他们知道自己尚有一些地方做得不够好，他们愿意更加谦虚地学习，甚至向失败者学习，取他人之长，为己所用；避他人之短，做前车之鉴。而博采众长和借前车之鉴，也就为他们的成功打下了基础。

这就好比在一张无限大的白纸上画一个圆，你画的圆直径小，你周围接触的空白之处也小，但是你的内涵也不会很大；如果你能把圆画得很大，虽然你接触了更多的空白，但是你的内涵一定会非常丰富。

每一个成功的人，都不会大肆炫耀自己痛苦努力的过去。因为他们早已经看淡了这些努力，这些在你看来痛苦无比的经历，于他们不过是换取成功的手段。他们还要大步向前，还要迎接未来更多的挑战，哪有时间跟你一起缅怀过去的辛苦回忆？

只有经过失败然后止步不前的人，才有大把时间跟你抱怨他曾经多么努力，抱怨这个世界有多么不公，然后跷着二郎腿一边看电视，一边跟旁边的人说：“曾经，我也是有机会变成亿万富翁的。”

胜者常谦谦，败者常戚戚。与其怨天尤人，倒不如摒弃杂念，全力向前。

谭飞说：“我没做什么”是胜利者的专属，而大部分失败者都会说“我做了很多，却……”

他的好运气，你承受不来

“运气好”三个字不是谁都可以说的，这不过是成功人士的谦辞。

我记得刚入行时，一位老前辈告诫我：“十年前你是谁，一年前你是谁，甚至昨天你是谁，都不重要。重要的是，今天你是谁？”

这番话让我内心深受震撼。因为这位老师，我明白了人生本来就是很累的。如果你现在不累，以后就会更累；如果你现在不吃苦，以后就会过得更苦。

我很庆幸在我年轻的时候，有这样的人生箴言赠予我。所以，我也有义务把这句话告诉给更多的年轻人。趁着年轻，大胆地走出去。风霜雨雪又算什么呢？恰同学少年，正是迎接洗礼的时候。只有练就一颗忍耐、豁达、睿智的心，幸福才会随之而来。

要知道，这世界哪有人人都中五百万的好运气呢？除了自己，没有谁能够真正帮到你。

鸡蛋，从外部打破是食物，从内部打破是生命。人生也是如此，从外打破是压力，从内打破是成长。不要怀疑世界总是跟你作对，不要觉得只有你很惨。要知道，生活不会刻意亏待某一个人。

你吃的苦，你受的累，你掉进的坑，你走错的路，都会练就独一无二、成熟、坚强、感恩的你。

与其抱怨命运，倒不如改变命运；与其抱怨生活，倒不如改善生活。任何不顺心的事，都是老天为交付重任给你的一种修炼。掉进锅炉里的都是矿石，而出来的却分为矿渣和金属。

凡事多找方法，少找借口。所谓强者，不过是含泪奔跑的人。

不管你在努力的道路中有多难过，也不要怀疑，成功其实就在不远处。坚持住，你就会看见最坚强的自己。只有你努力了，尽力了，才有资格说自己的运气不好。

在这个世界上，没谁的工作不辛苦，也没谁的事业不复杂。有句话叫“爱笑的女生运气都不会太差”，这句话确实很有道理。如果你能从今天开始，每天都用淡然的微笑面对挫折，那除了生死外，其他都是小事。

因为有明天存在，所以你永远可以把今天当成起跑线。努力过后，才知道许多事情，坚持坚持，就过来了。

在我们的生活中，似乎总有些人是那么幸运。他们似乎是上帝的宠儿，承载了老天的全部眷顾，幸运似乎总是围绕着他们转。

比如王凯和蒋欣，他们因为一部剧就大火了一把，不得不说他们幸运。但幸运的背后呢？是他们数十年如一日的努力，他们沉淀了十年，才能在电视剧中拥有如此贴近角色的发挥。

反过来，有些整日在微博里晒“劳碌”的明星，他们总在喊：为什么我这么努力，却还不如人家一部剧就火了的演员幸运呢?

我觉得，这是他们弄错了忙碌与努力的意义。

现在有很多年轻的演员，他们在微博上给人的感觉都很忙碌。比如凌晨3点从酒店起床，4点赶到剧组，上妆一小时，5点正式开拍。拍戏时间安排四个小时，然后9点从剧组出发，11点到机场，12点登机，下午1点赶到另一个城市，参加一个综艺或发布会之类的；差不多16点，再赶往下一个剧组，差不多到晚上19点，再拍四个小时的戏。最后睡觉。

粉丝就会说：看着好忙啊，都是在赶赶赶，好心疼啊！但如果他连剧本都没有看懂，拍戏都只靠替身，台词也记不住，还算什么努力呢？只是忙着赚钱罢了。

在当今社会，幸运变得更加容易抓住，因为他只会选择那些努力的人。如果你够努力，即便你某一时会不幸运，但最后，都会通过努力成为幸运的人。

生活永远都属于努力者。一时的落魄，也只是上天跟你开的玩笑。“天将降大任于斯人也，必先苦其心志，劳其筋骨，饿其体肤，空乏其身，行拂乱其所为，所以动心忍性，曾益其所不能。”这句话能流传至今也是有其道理的。

若不经历一番苦楚，人们又如何会珍惜眼前的生活呢？若不经历一番酣畅淋漓的努力，又怎么知道自己不是幸运的那个呢？

我见过很多成功者，我身边也有很多成功者，他们在最开始真的不幸运，而且还很不起眼。但他们总是笑笑，总是很坚定。正是这份风雨无阻的坚持，让他们成了别人眼中的幸运儿。

可是，当他们成功之后，在与人交谈之际，却往往把自己的成功归结为“运气好”。这其中的酸甜苦辣，也只有他们自己知道。

原本生活就是不易的，大家终其一生，都无非是努力让生活变得更好。这个世界上，每个人都在为生活拼搏。有人拼得多一些，有人拼得少一些；有人幸运一些，有人不幸一些。

你想想，如果比你幸运的人还比你努力，那你还有什么理由不努力呢？幸运，永远都是成功者的谦辞。当然，如果你努力，总有一天也会成为你的谦辞。

年轻人，或者是中年人，请放下你的“三分钟热度”，请放空你受不起诱惑的大脑，请放开你容易被外界事物吸引的双眼，请闭上你什么都想八卦两句的嘴巴。

静下心，好好做事，你真的该努力了。

记住一句话：越努力，越幸运。马云说过一句话：“人还是要有梦想的，万一实现了呢？”前提是你努力了！所以趁年轻，给自己一个目标，多奋斗。

如果你什么都没做，只想靠“运气”这种虚无缥缈的东西度日，那你早晚会吃亏。何况，运气并非无迹可寻。

我不知道怎样才能让幸运立马降临，但我知道，如果只在床上躺着，玩手机，点外卖，是不会有幸运登门的。

请别再羡慕别人的幸运，因为他们背后的辛酸，你根本承受不来。

谭飞说：王健林投资成功，赚了几个亿，他说自己是运气好，可是他好运气背后的辛苦，是你承受不来的。

住嘴吧，这个世界不欠你的

剧组有个朋友很能吃苦，而且心地善良，大家都叫他大刘。

大刘老家有个远亲，家境不是很好，一家人窝在农村里。大刘担心把亲戚家刚上小学的孩子给耽误了，于是把孩子接到北京来，打算资助孩子上学。这孩子学习很努力，而且每天都学习到深夜。大刘怕给孩子累着了，于是常劝孩子早点儿休息。

前阵子，老师给大刘打电话，让大刘到学校来一趟。大刘有些奇怪，这孩子一向老实，而且还努力，难不成是被北京的同学欺负了？

可当他来到学校后，老师却一直吞吞吐吐，还问了大刘一些很奇怪的问题。比如大刘是做什么的，平时都在家干什么等。在问话期间，老师看向大刘的眼神很怪异，而且欲言又止地想跟大刘说点儿什么。

大刘急脾气，最受不了别人吞吞吐吐，于是问老师到底什么事，是不是这孩子被人欺负了？老师犹豫了一会儿，然后拿出了一本作业本，翻开其中的一篇作文，让大刘看。

大刘看完顿时呆住了。

这孩子在作文中有几句话是这样写的：……这个世界，为什么总是如此不公平？为什么有些人一天到晚什么也不干，却能吃香的喝辣的？比如我表叔刘 ××，他们一家人每天在家里，不是看电视，就是上网。可他们总有花不完的钱。有钱人真好，想买什么就能买什么……

当时，大刘气得差点儿被噎死。他很想把这孩子揪过来当面教训道：你这孩子！什么叫你表叔一家子一天到晚啥也不干？一天到晚啥也不干的是你爹妈！就因为你爹妈一天到晚啥都不干才把日子混成这副鬼样子！你表叔怕耽误了你，天天都快累成狗了，你竟然还这么说……

当然，大刘是不可能跟孩子说这个的，他怕这件事伤害到孩子。跟我聊起这件事时，我也惊呆了，我也理解为什么老师的眼神那么奇怪。一个老实努力的小孩子，在作文里写出这些话，想必老师也误会了大刘，怕他干了什么违法的勾当。

大刘愤愤地道：“我真想不到，这种病态的畸形心理，竟然悄然侵袭了孩子的想法。”

我颇为无奈地说：“这种事还不是见怪不怪了，一些不努力的社会底层人，总以为全世界都欠他们的，好像他们活在社会底层，原因不在他们自身一样。”

我说这话也是有缘故的。当我在上海办事时，一位朋友把我从酒店揪回他家，非要好好招待我两天。有次我出门，正好听见门口有两个保安聊天。一个保安对另一个说：“你瞅瞅咱们小区，开什么好车的都有，这帮富人真该死！”

开好车跟富人该死，这中间有什么逻辑关系吗？不知道这个保安是怎么把二者联系起来的。正当我惊讶于他的偏激时，就听另一个保安说：“就是，这世界就是穷的穷死，富的富死，太不公道了。要是有人组织一场杀光富人的运动，我肯定第一个报名。看我打不死这些有钱人，我非得让他们知道我的厉害！”

后面说话的保安，还算英俊的脸上的肌肉扭曲着，年轻的眼睛透射出一股仇恨。而这股仇恨却是完全建立在虚构与扭曲的臆想之上的。

我不知道那家小区有多少挥金如土却为富不仁的坏土豪，但我朋友每天睡得比狗晚，起得比鸡早，累得像头驴，甚至为了订单被客户灌到胃出血。他有个胖土豪朋友，在最低谷的时候，借了高利贷白手起家，最后被债主追杀，从两米多高的围墙跳下来，到现在脚还是一瘸一拐的……

如果他们知道有人如此痛恨他们，一定会大哭起来。

我跟大刘讲完这件事，大刘一拍大腿，说道：“我前阵子参加同学会，有个朋友家女儿很有出息，爹妈没怎么管，孩子自己报考了美国名校，而且还被录取了！我这个朋友特别激动，在同学会上就把这事儿说出来了。结果一个老同学立马变得冷冰冰的。”

大刘回忆道，那个老同学尖酸刻薄地说：“这些国外学校根本不看你考多少分，给钱就让上。有钱人真不错啊，想去哪儿上学，就去哪儿上学。”

大刘的朋友气恼地辩解道：“你说的那是‘野鸡大学’，我女儿这可是名校，名校招录更严……而且我女儿可是拿了人家的全额奖学金！”

对方扔回来一句：“都一样，给钱就让上。”

大刘的朋友气得想打人，但知道自己女儿表现得太好，已经在老同学之间引起了公愤，所以忍住了，立马起身买单走人，多年的老交情也就到此为止了。

我说道：“这事儿还真是错在他，他女儿太有出息，就意味着对别人家孩子的无端羞辱。别人心里郁闷悲愤，当然要出言修理他。”

大刘叹口气：“只是这个修理的理由太过无视事实，也太过于扭曲。”

是啊，其实这个世界不欠你的，不欠我的，也不欠任何人的。

其实，你不努力没关系，伤害的就是你自己和你的家人。但如果你不努力，偏又愤世嫉俗，脑子扭曲，那就是你的不对了。

在这些人看来，有成就的人不是运气好，就是人品差；不是卖嘴，就是卖身。仿佛天底下只有自己最正直善良，仿佛只有穷光蛋才是孑然一身、与世无争。

全世界都欠你的，所有努力的人都不应该享受自己的生活，都要接受你的“正义”审判。你忌妒别人的努力有所收获，就用这种扭曲的臆想给自己的不努力找借口。

别那么悲愤，这个世界真的不欠任何人。每个地位在你之上的人，都有一段比你惨痛百倍的付出。你的所获，只与你的努力成正比，这真不是别人的错。

谭飞说：你没钱、没权、没能力、没长相、没一个好家庭，这些都不是上天欠你的，也不是有钱人欠你的，是你自己没有争取来的。

你以为他们的成功很容易吗

有人说：每天朝九晚五工作的人，是很少有持续性爱好的。

确实，从早上开始，经历过高强度的工作之后，回家之后只想洗洗睡了，又哪有时间和精力搞什么兴趣爱好呢？

但成功人士与常人不同的是，在高强度的工作状态下，他们仍可以保留自己的兴趣爱好，并且乐在其中。

大家都知道，阿里巴巴的马云是位很有趣的企业家。他的兴趣爱好也符合他的形象——武侠小说、打太极。

想必不少人都知道，阿里巴巴的办公室都是用金庸小说中的武林圣地来命名的。比如马云的办公室叫“桃花岛”，会议室叫“光明顶”，洗手间叫“听雨轩”……甚至连员工的花名也都充满了武侠范儿，比如马云给自己取的外号叫风清扬。这么崇尚武侠文化的马云，喜欢打太极也就不足为怪了。

他说，在忙碌之余可以用太极缓解压力，平缓心情。

马云在这种高强度的工作状态下，还能保存着坚持打太极拳的习惯。这种坚持，这种毅力，这种坚定，或许就是他这种人成功的重要因素。

试想，你能凌晨 4 点起床，就为了在满满的行程中抽出一个小时运动吗？王健林能！

根据《胡润百富》杂志的调查结果，一名企业家每周至少工作 6 天，而且每天的工作时间达到 11 个小时。也就是说，他们的睡眠时间只有 6.5 个小时。

实际上，超过三成的企业家每天的工作时间都不低于 12 个小时。

从这组数据中就不难看出，他们的成功绝对不是偶然。虽然不排除有运气的成分，但他们确实付出了比常人更多的努力和精力。

随着生活圈子慢慢扩大，每天我们都能在朋友圈里看到大家的生活状态。从事文学工作的在朋友圈晒文章；从事美食工作的在朋友圈晒美食；从事微商的在朋友圈晒产品；从事摄影工作的在朋友圈晒图片……

朋友圈让我们看到了很多别人的生活，但也让人们变得越来越浮躁。

有时候，在朋友圈看到别人去哪里旅行，或者去某个高级餐厅吃饭，或者每个月晒将近十万的工资条，总会羡慕得两个眼珠子直瞪。

剧组里有个年轻小伙子，性格很乐观，可翻朋友圈的时候，总喜欢不停地抱怨。

“为什么人家的生活那么美好啊？”“哎，为什么他能不顾一切地说走就走啊？”“凭什么他没我长得帅，但是有女朋友啊？”“为什么人家一个月赚好几万，我一个月还为请一天假扣三百而焦虑不堪啊……”

我说，你与其羡慕人家，不如自己也去努力啊。

小伙子仰着脸，带着一些抱怨和不服气的精神，决定开始努力奋斗。他说：“就是，我比别人差什么啊？什么都不差，而且他们成功看着挺容易的，我肯定也能行。”

他决定，每天坚持在朋友圈打卡来鞭策自己。第一个星期坚持下来了，第二个星期也坚持下来了，可一个月之后，他实在累得不行，发现自己快虚脱了。

于是他把鞋子一脱，衣服一扔，直接上床睡觉了。醒来之后，继续吃着 2.5 元的泡面，接着感慨“生活真是不易”，无数次这样的死循环。

我可以一眼看到他十年之后，他还是他，不会改变，手里拿着五六千的工资，每天上下班和别人挤地铁、公交，一日三餐基本就靠啃面包、吃泡面度过。夜深人静的时候，他会躺在床上望着天花板，目光呆滞，嘴里还在念叨着“为什么人家……”

这时候，你就会发现自己跟别人早就拉开了距离。当初晒文章的，已经变成了小有名气的作家；当初晒美食的，已经变成了美食杂志的著名编辑；当初晒图片的，自己成立了一个工作室；甚至连做微商的都变成了实体店的老板……

只有你还在原地踏步，继续为房租和餐食担忧，抱着低工资，做着白日梦。

前段时间，有位好友发了条朋友圈，说：“生活太不容易。我每天晒的吃喝、豪车、住宅，看着光鲜，可谁知道每天凌晨，你们早就已进入梦乡了，我还在埋头苦干，瞌睡来了就抽根烟，有时候烟烧到手才清醒。这么没日没夜的辛苦，才换来你们在朋友圈看到的一面。”

这条动态一发出来，下面立马引来了很多评论。

“哎呀，你可是人生赢家，有房有车，我们这些老百姓只能羡慕了。”

“辛苦了，没想到你的生活这么累。”

“原来我每天只看到了你潇洒的一面……”

最后，他借用了京东购物的一条广告语：“你们以为的，不一定是你们以为的。”这句话包含了太多人的辛酸。

我这位好友跟我感慨道：“很多人都觉得，我花的钱都是大风刮来的，以为我生活优越是每天躺在家里，等着馅饼从天上掉下来。他们以为我的车、房子都是父母操办的，稍微熟一点的，谁不知道我父母都是农民？我挥霍的金钱，怎么可能是每天无所事事换来的呢？他们只是选择性地看不见我的努力罢了。”

是啊，就像这句话，只不过这一切都只是你以为的。

哪个成功者的人生会一帆风顺呢？大概只有成功者的孩子有可能一帆风顺吧。

就像镁光灯下那些耀眼的明星一样，在舞台上的他们是那么优雅动人，但背后呢？很多演员为了拍戏，身体早早落下病根。

不少演员为了拍好一场水戏，就算寒冬腊月也要下水完成镜头；为了完成一场打戏，经常在高空中吊着威亚，一吊就是半天；有的为了练唱，嗓子经常发炎、声带受损。这些都藏在每一个成功者的背后。

而那些你以为的成功，是成功者背后你所看不到的努力。

谭飞说：没谁的成功很容易，就算是富二代，想成功也要有脑子，肯努力。

成功的人抱怨自己，失败的人抱怨别人

抱怨是失败的开始，自信才是成功的基石。

不知道从什么时候起，我身边的年轻人一个比一个爱抱怨。他们只喜欢跟高高在上的成功者比，觉得自己什么都不如人家，觉得世界不公平。但他们从来不跟只比自己厉害一点点的人比，虽然他们知道，只要自己稍微努力一下，就能赶超过去。这让我很是费解。

后来，我想明白了，他们只是享受这个“过嘴瘾”的过程，并不打算改变现状。

人有抱怨的习惯，这无可厚非，可这个习惯会给自己带来很多麻烦。

举个通俗点的例子：如果夫妻之间总是相互抱怨，能永久恩爱吗？答案显然是否定的。

职场更是如此。试想，古代的帝王对爱抱怨的臣子会如何？想必不是冷落，就是直接处死吧。同理，如果一个员工爱抱怨，上司又会

如何对待他呢？

一旦心中充满怨恨，就会觉得世间到处都是不公平，觉得天下人都对不起自己。就算他中了一千块的彩票，也会怨恨中五百万的人，也会觉得世界不公平。这是人生危险的讯号。

付出跟回报是成正比的，就算不会立时回报给你，也会以其他形式反馈给你。你只是抱怨付出，又怎么会有好的结果呢？

大家都知道，陈道明的演技非常了得，是当之无愧的实力派。而且一直以来，他的形象都非常儒雅。但实际上，陈道明却是很多演员和剧组都怕合作的明星。

如果弄个排名的话，陈道明一定是排在前三的人物。很多明星和剧组之所以说怕跟他合作，倒不是因为他耍大牌，而是因为他跟你合作的时间太短。

圈里一位同行吐槽，说讲好的工作八小时，基本上他只会给你三个小时。有一次拍广告，广告创意有很多镜头，陈道明只给了两个小时。

我笑了笑，没有说话。其实我对陈道明的看法跟很多人不同，我看过他拍戏，相当精细认真，八个小时的工作，他三个小时能绰绰有余地完成。在剧组看他演戏是一种享受，就拿康熙王朝来说，他能不间断地把需要演的戏一遍过，根本不需要切换镜头，这是很难的。

除了他“不合作”之外，还有一点是他脾气暴。

对于这一点，我也是不敢苟同。陈道明作为圈子里的老前辈、老戏骨，对一些不合格的演员看不过眼是再正常不过的了。

一些小演员光会抱怨别人，可我跟陈道明有过接触，知道他的“难搞”，并不是因为他要大牌或怎样，而是他对艺术的要求很高，一些“小鲜肉”受不了这个，就说他很“难搞”，这是不公正的。

停止抱怨，找出问题并解决问题，这才是正道。

我很喜欢索尼公司的招聘故事。有个叫大贺典雄的东京艺术大学高才生，他进入索尼公司不久，就跟盛田昭夫多次发生争论。然而，盛田昭夫非常喜欢这个直言不讳的年轻人，一直很器重他。

大家都以为，大贺典雄能直接进入管理层，但令人意外的是，盛田昭夫把大贺典雄下放到车间，给一位普通的生产线工人做学徒。员工都开始议论纷纷，说大贺典雄得罪了盛田昭夫。但大贺典雄什么话都没说，只是淡淡一笑。

一年后，让员工更吃惊的是，大贺典雄居然从学徒工被直接提拔为专业产品总经理。

在员工大会上，盛田昭夫揭开了大贺典雄晋升的谜团：“要担任产品总经理，必须要对产品绝对清楚和了解，这就是我要把大贺典雄下放到基层的原因。让我高兴的是，大贺典雄在他的岗位上尽职尽责。在这整整一年当中，他在又脏又累的工作环境下没有任何不满和抱怨，而且甘之如饴。”

五年后，大贺典雄成为公司董事会的一员。

抱怨会限制人的思维，让视野变得狭隘。大贺典雄从来没有抱怨过公司，没有抱怨过盛田昭夫。他只会抱怨自己，为什么对产品的了解还不够多，为什么一位普通的车间生产线工人都比自己更了解产品？

圈里有位 90 后小演员，她虽然岁数不大，却是圈子里的老戏骨。可能很多人都猜到了，她就是关晓彤。前段时间，她跟当红小生鹿晗的恋情公布，很多人再次被“国民闺女”刷屏了。

要知道，关晓彤外在条件很好，但高考成绩却是 552 分，超过北京市艺术类文科本科线二百多分。很多人说，关晓彤明明可以靠颜值吃饭，却偏偏要靠演技；明明可以靠演技，却偏偏要当学霸。

很多人说，自己没有关晓彤的资源，觉得关晓彤很幸运，抱怨自己不能时来运转。看了她的成绩，你还会这么说吗？

最怕的是你长相、才华、资源都比不上她，而她还比你努力。

有位哲人说：“只有把抱怨别人和环境的心情化为上进的力量，才是成功的保证。”

当然，外界环境会不可避免地为你的前路带去障碍，但这绝不是最主要的。最主要的因素，始终在你脚下。

弱者抱怨外界环境，强者抱怨自己不够强大；成功的人抱怨自己，失败的人抱怨别人。

谭飞说：“我为什么不够努力？不然就能再赚几千万！”“为什么我这么努力，这个世界还不让我成功！”与其抱怨别人，何不自己努力？

第七章

你可以渴望，但不要着急

那些热爱生活的人，请你们放慢生活的脚步吧，看一看沿途美丽的景色，这些景色带给你的不只是愉悦，还有对人生的思考，还能避免灾难的降临。

一步登天？你的腿没那么长

幻想一步登天的人，其实都是不切实际的。

他们对人生总是充满了绝望，所以只能通过一些一步登天的幻想，来让自己变得充满希望。当然，有这样不切实际幻想的人不在少数。最可悲的就是绝大多数人，拿着微薄的收入去做一件“伟大”的事情。就像买彩票的人，他们存在的侥幸心理就是：“万一这两块钱真的能换五百万呢？”

不愿意脚踏实地本分生活的人，都幻想天上掉馅饼，直接就能平步青云，咸鱼翻身。只是这样一步登天的幻想，成功率大概只有几千万分之一。就算狗屎运轮到他头上，估计也要几千年的时间。

有人觉得，赚的钱多就是成功。他们看到别人辛苦努力换来的车子、房子很眼红，他们也想要这么优越的生活。但他们不想一步一个脚印地走，他们想走捷径。于是，不少人为了赚钱，干一些投机取巧的事情，最终因为没守住法律底线，引火烧身。

我也听人说过："现在哪个有钱的没犯过法？"其实不然，这样追求速成的歪门邪道，都是成功人士所不齿的。

只为了暂时的利益，冒搭上整个人生的风险，值吗？成功人士更懂得什么叫欲速则不达。越渴望快些到达终点的人，越难最快抵达。因为他们没打下很好的基础，只要速度、数量而不要质量。求快的结果，只能是一败涂地。

做人还是要现实一点儿，只有踏踏实实、认认真真地做事，并且把这件事坚持下去，才能不让自己的辛苦和努力白费。这个做事的过程，就是成长和积累的过程。

实力说明一切，只有那些肯吃苦、肯努力、肯坚持的人才会真的有所成就。

有位熨衣工人，他跟妻子只能住在拖车房里，每周只有 60 美元的薪水。他的妻子还要上夜班补贴家用。即便夫妻俩都在工作，但赚到的钱也只能勉强糊口。

他们的孩子耳朵发炎，为了省下钱买抗生素，只好连电话都拆掉。

在这种恶劣的情况下，这位熨衣工人也没有放弃成为作家的梦想。

当然，他不像其他工人，只是在闲暇时间幻想一把，过过瘾罢了。他每到夜间和周末，都会不停地写作，打字机的噼啪声不绝于耳。他把家里的余钱全都用来付邮费了。但是，他寄给出版商和经纪人的作品被全部退回了。退稿信非常简短、非常公式化，让他怀疑出版商和经纪人根本没有认真看过他的作品。

但是他没有放弃，仍然每天都在写作。直到有一天，他读到一部小说，让他想起了自己的某部作品。于是，他把自己作品的原稿寄给了那部小说的出版商，而出版商则把原稿交给了皮尔・汤姆森。

几个星期后，他收到了汤姆森的一封回信，这封回信是他收到过的最热情的信。皮尔・汤姆森说：原稿的瑕疵太多，但很确信他有成为作家的希望。

皮尔・汤姆森鼓励他再试试看。可是，此后的 18 个月里，他给编辑寄去的两份原稿都被退还了。由于生活的重担，经济的入不敷出，他开始放弃希望。

某天夜里，他把原稿扔进了垃圾桶。第二天，妻子把原稿捡回来，告诉他："你不应该半途而废，特别是在你快要成功的时候。"

他点点头，依旧每天都坚持写 1500 字。写完之后，他直接把小说寄给了汤姆森。他以为，这次可能又要失败。可是他错了，汤姆森的出版公司预付了 2500 美元给他。于是，经典恐怖小说《魔女嘉莉》诞生了。

这本小说一上市，就畅销了 500 万册，甚至还拍成了电影，成为 1976 年最卖座的电影之一。这位熨衣工人就是世界恐怖小说之王斯蒂芬・金。

斯蒂芬・金明白，没有谁能一步登天。他只是一名熨衣工人，什么资源都没有。真正让他出类拔萃的，就是不管前路有多么崎岖，他都能不放弃，心甘情愿地一步接一步往前迈进。

在自己能力不足的时候，在自己还不够强大的时候，抱怨不但没用，还会让你情绪低落、愤世嫉俗。只有努力下去，坚持不懈，给自己定下一个目标，朝着这个目标一步一步地努力，才能让自己获得更多能力，让自己变得更加完美。

只有你内心强大起来了，别人才会看得起你。

不要奢望一步登天，凡事总需要一个过程。这个过程就是保证我们可以安全、快速达成理想的最佳方式。

如果你想成为亿万富翁，就要从经商开始，像《羊皮卷》里的主人公一样，做事勤勉、兢兢业业，从一点一滴的小事做起，直到建立起属于自己的商业帝国。

如果你想成为领袖，就要从多读书开始，要用知识武装自己的头脑，能深入浅出地讲述一些深奥的道理，直到被很多人认可并传播。

其实，无管你想做什么，都要从脚下开始。不要让自己沉沦在幻想中，不要觉得自己能一下子就达到顶峰。

就算有些人天生就有能让他一步登天的资源，但如果缺乏了积累和磨炼的过程，最后也只能是登高跌重，很可能被一个更强大更扎实的人取代了位子。

要知道，没有人能一铲子就铲出一口井，就像被苹果砸中的人很多，但牛顿却只有一个。牛顿的成功，不仅是站在巨人肩膀上看世界，更重要的是他日复一日、年复一年的观察和演算，是他之前积累的每一个小数据共同堆砌了成功的阶梯。

爱迪生也总结过：天才是百分之九十九的努力加上百分之一的天分。而那些整天幻想一步登天的人，迟早会因为抄近路而绕了更远的路。

谭飞说：不要幻想一步登天，那些告诉你能一步登天的，只会让你跌下深渊。

没有谁能一口吃成个胖子

最近，我跟着家人去商场买衣服，看着镜子里发福的胖子，我竟然有些难以置信，这个人会是我！顿时，想买衣服的欲望被一盆冷水浇灭，败兴而归！

于是，我给自己制订了一份晚上不吃饭的计划。为了避免失败，我还特意建了一个微信群，把想要一起减肥的朋友都拉进来互相监督。

坚持了几天，我就瘦了 2 斤。虽然减掉的体重不多，但我还是挺庆幸自己坚持下来了。可是自己减肥太慢，于是我去了减脂的美容院。人家告诉我，保证能瘦，减一斤 60 元，看你想瘦多少，减 20 斤就要交 1200 块钱。

我一听，嚯，原来自己的肉这么贵呢。

减肥这几天，我的收获不只是体重变轻，还明白了一个道理：肥肉三尺，非一日之馋。那些让世人瞩目的成功者，也没谁是一夜之间就功成名就的。如果没有经过长时间的积累，是不可能获得“登天”

的成绩的。

就跟减肥一样，没人能一下子减成女神，也没谁能一口吃成个胖子。真正的努力都是有结果的，哪怕你在演戏方面没什么天赋，也可以靠努力来弥补。

现在，别人一看见冯远征的脸，就立马联想到娘娘腔和精神变态，走在大街上，一些大妈还会指着他骂："安嘉和你太坏了！"这就是成功了，这就是他在演角色时努力了。冯远征三九天跳水塘子演戏，这明摆着是疯子一样的努力，你说他能不成功?

"票房毒药"四个字陪了周润发很多年，在他成功之前，没人说他演戏有天赋。成功之后，大家才会看到他是怎样一步一步努力到今天这个地位的。

同样，刘德华为了演戏也努力过。虽然他自己是被聘用的终身御用演员，但他也努力去学习、尝试。很多人说刘德华没演技，其实不然，他在表情变化的同时，眼神里也透着一种真挚。老一辈的影视人都会把演戏当作事业，并且愿意为之努力奋斗。

1994 年，导演为电视剧《一地鸡毛》选角时，担心陈道明四平八稳，脾气执拗，究竟能不能演好一个在平淡中逐渐失去棱角的市井小人物。

"他低得了头吗?别拍出来像皇上微服私访。"结果，导演在《一地鸡毛》的拍摄中，看到陈道明确实完全变成了另一个人。甚至他在戏外也是格外殷勤周到、善解人意。

陈道明做任何事都点头微笑，跟剧组人有商有量，完全找不到之前“冷漠高深”的影子了，他活脱脱就是个小职员。

可戏一拍完，就在吃散伙饭的当天，陈道明连一个过渡都没有，“唰”一下离开自己的角色，那种“高冷”的表情又回到他的脸上了。

一个真正的演员，就是应该演什么像什么，演什么就是什么。

俗话说：能力有大小，机运有得失。

只要自己尝试了，努力了，坚持了，才敢说自己没有任何遗憾。如果只是依靠投机钻营而妄想“一步登天”的人，就会因为爬得过快，摔得更疼。

近日，我跟家人一起看了场大型的音乐剧，剧名叫《一步登天》。这部剧是美国百老汇的经典，近年才被引进中国。这场音乐剧排得不错，音乐悠扬，舞蹈优美。但最我感兴趣的是这部剧的主题：“你不用受累、不用努力，在职场上就能取得巨大成功。”

《一步登天》讲的是一名玻璃外墙的清洁工，通过钻研一本“秘籍”，迅速了解了职场法则，一路过关斩将，最后混到了公司的最高层。

“如何用不到一分钟，就让美女秘书对你一见倾心？如何用不到一天，就让同事对你刮目相看？如何用不到一个月，就让大领导将你视作心腹？如何用不到一年，就让自己从清洁工‘上位’到董事？一部音乐剧，全都教会你！”

这是《一步登天》的广告词，写得让人心动、让人叹服、让人跃跃欲试。

确实，没人不渴望成功。在外面擦玻璃，怎么比得上坐在办公室当白领呢？当白领怎么比得上坐办公室当主管呢？当部门主管怎么比得上做公司总监呢？既然当上了总监，为啥不能当董事长呢？高高在上，总比默默无闻风光得多。

一个公司，不管规模是几百人还是上千人，总经理的位置都只有一个。绝大多数人都处在中下层。很少有人能在职场上平步青云，大多数都上位较慢，而且上位的还不一定优秀，没上去的也不一定平庸。

于是，有人开始就职场现象进行分析研究。为什么某个人并不优秀，甚至还有不少劣迹，却能够平步青云？为什么某些人很优秀，表现也突出，却一直没能上去？分析来，研究去，这个人发现一个秘密。原来在职场上，还有另外一条捷径可走。

只要掌握了这个“秘籍”，没能力，不努力，也可以登上高位。

有篇文章曾把《一步登天》评价为“近年来最独出心裁的音乐剧”。因为这部音乐剧能够“跳脱了章法，具有独特的智慧和风范”。

我不否认，那些“一步登天”的人，的确有独特的“智慧和风范”。但这样的成功，往往也是为人所不齿的。比如自我感觉良好，但他人嗤之以鼻。

我们不得不承认，这种“成功”会被不少人羡慕，而且挖空心思想要找到这样的捷径。可这么做真的好吗？

著名画家吴冠中曾说过，有不少异地的初学者给他写信，甚至登门向他“请教”。看到他们的来信和画作，吴冠中就知道对方非常无知和幼稚。这种水平，在当地就有很多人足够做他们的老师。可这些人舍近求远，千里迢迢来找他，无非就是想依托名家“一步登天”。

这个世界上没谁能一口吃成胖子，脚踏实地最重要。

谭飞说：没谁能一夜减成个瘦子，也没谁能一口吃成个胖子。

别做那些不切实际的幻想

年轻人应当是朝气蓬勃，奋发向上的。但在当今社会，年轻人安于现状、麻木不仁的现象却屡见不鲜。有人在懒散中哀叹贫穷，也有人在使劲折腾中一步一步实现了自己的目标。所以，这就是我要说的：不折腾，你永远都是“做梦君”。

折腾，其实是对梦想的尊重。如果你飞不起来，那就跑起来；如果跑不动，那就走；如果你连走都走不动，那就爬。

只要记住，不管做什么，都要勇往直前；无论前方有多难，你都要告诉自己：再坚持一下。只有折腾，才不辜负生命给予你上场的机会。千万不要低估你拼搏一把的能力。

你的生活，有多少是停留在对别人的羡慕中？如果再不折腾，你就真的老了！不趁年轻折腾一把，老了拿什么去回忆过去？所谓青春纪念册，就是等你折腾不动的时候，才能拿出来看一看，讲一讲。

趁年轻，趁当下，趁工作之余，多让自己拼一把。

有人说："斑驳如画的风景是大自然对人类的慷慨；努力在事业中拼搏是生命对人生的期待。"确实，忙碌才能让生活更有意义。

虽然老戏骨的付出和努力远胜于年轻人，但也不是所有的年轻演员都是不思进取、不劳而获且要大牌的负面形象。有一些年轻的艺人，他们力求做到最好，相当吃苦敬业。

在圈子里流传着这么一个传奇：在拍《赤壁》的时候，他为了把孙权演好，把《三国演义》读得滚瓜烂熟；拍《建党伟业》时，他又专攻民国史，将其熟记于心；拍《深海寻人》时，他专门考取了PADI潜水执照；拍《吴清源》，他把自己的围棋能力提高到专业三段以上；《一代宗师》杀青后，他拿了全国八极拳的冠军；《聂隐娘》拍完，他的近身剑术已经炉火纯青……

这个人就是青年演员张震。

在接拍电影《一代宗师》之后，张震就拜八极拳第八代传人王世泉为师，他用了三年时间练习八极拳，并最终在全国"神枪杯"八极拳比赛中获得了一等奖，成了当之无愧的"八极拳高手"。

虽然张震在《一代宗师》里的戏份很少，完全没办法展现他苦学几年的真功夫，但他这份认真的态度以及执着的毅力，让业内许多导演赞赏有加。

努力这是一种磨炼，也是一种回忆。你被什么吸引，就去为之折腾。所有人的生命都只有一次，在相同的时间里，如果你能比别人体验得更多，那你就能拥有更多。

年轻人更应该趁着美好的时光，趁着你的时间与身体还允许你向前迈进的时候，珍惜自己上场的机会。哪怕你的镜头只有一个，你也要做出十成的努力。

只要铭记那些能让你脚踏实地的坚持，感恩那些辛苦却让你有笑有泪的成长，同时也别忘了提醒自己：

还有梦想尚未实现，还有高峰不曾抵达。

我经常对年轻人说：做人不能好高骛远，要正确认识和看待自己。每个人都应该有所追求，但这个目标应该客观实际一点，否则就会变成不可获得的追求，白费精力，最终一无所得，一事无成。

世上哪有十全十美的事儿呢？如果只是用主观意识让自己麻醉，就注定会一事无成。换句话说，世界上大部分成功的事都不是偶然的，它必然包含成功者的智慧与付出。同样，世界上大部分失败的事也不是必然的，它肯定附加了失败者的错误与偏差。

要知道，我们的生活里没有那么多命中注定，所有事情都要靠自己掌握，因为人生就是一连串选择的结果。比如一个女孩，她在婚姻方面一直坚持理想主义，找对象的时候，要求男方要有海外关系，还要有高干背景，有高收入，此外还要长相帅气，性格温和，恨不得这个男人把所有优点都集于一身。

最后，这个男人真的被她找到了，可惜这个男的是爱情骗子。

这个时候，你能抱怨命运对你不公平吗？不能，因为所有的不幸都是当初追求不切实际而酿成的苦果。

所以，珍惜已经拥有的和能够得到的东西，为那些依靠自身努力而获得的财富自豪，它们才是真正属于你的。好高骛远，追求那些不可获得的，到头来不过是两手空空。

前段时间，《三生三世十里桃花》可谓火遍大江南北。而赵又廷凭借“整容般”的演技，让那些说他“长得丑不适合演夜华”的观众乖乖闭了嘴。当年，赵又廷拍《痞子英雄》时，所有的飞车戏、武打戏都是亲自拍的，光一场跳车戏就拍了 19 条。

赵又廷跟影帝黄渤一起搭档，蔡岳勋导演还专门从法国请来了世界武术冠军，就是《暴力街区 13》的动作指导给他们讲解动作训练。

黄渤说：“每当他做完一系列动作之后就要停顿一两分钟，就是被专业人士打得不能动了，要缓一缓。”黄渤还夸赞赵又廷，“你说他表演那么有天赋，长得又那么帅，这样一个人工作起来还特别努力拼命，真挺难得的。”

谭飞说：年轻人少一些不切实际的幻想，多一些脚踏实地，这样才能不负时光。

一夜暴富的叫梦，不叫梦想

我觉得是个人都这样想过：万一我某天一夜暴富了，这些钱要怎么花呢？

其实，对年轻人来说，这样的梦偶尔做一做还可以，但现实生活中，还是需要努力再努力。对于这种梦，不该坚持的就不要坚持了，你没必要真的幻想什么，因为一夜暴富的事，真的是太少了。

如果你什么都不努力，只是靠着做梦过生活，那你的人生未免太无趣了些。有人说，说不定我真的可以一夜暴富呢？那你可以把它当成是一种惊喜，如果你真的这么幸运，能一夜暴富，那你现在的努力奋斗，就是人生的另一笔财富。

我一直觉得“一夜暴富”的念头有些庸俗，毕竟这是虚无缥缈的，远远不如握在手中来得踏实。就像圈子里的一位女性所说：“生活里处处是小确幸，读书写作，抚琴弹唱，有爱的人陪伴，那就足够美好了，为什么要去想那些遥不可及的事情呢？”

当然，她是有了钱之后，才开始走文艺清新范儿的，当从前穿碎花小棉袄的女生进化为文艺小清新后，她的人生观、价值观和金钱观立刻发生了翻天覆地的变化。那就是，她从来不承认，自己曾经渴望过“一夜暴富”了。

不可否认，现实社会不时演绎的一夜成名、一夜暴富的事例，已经开始影响年轻人的价值观、人生观。

比如，一些能帮助新生代一夜成名的选秀节目，使他们几乎不费吹灰之力，就能坐拥几百万甚至几千万的财富。于是，很多年轻人开始心浮气躁，想要通过这样的快捷途径来获得成功，最好是一夜成名，一劳永逸。

如此一来，脚踏实地的精神没了，原本该有的职业规划没了。而且，通过选秀或买彩票之类，让自己一举成名的人毕竟只是少数。很多人在海选中，花费了大量的时间和精力，最后换来的却可能是竹篮打水一场空。

当然，一夜暴富是好事。到底有多好呢？

我不拿渴望暴富的人做例，就算一个对物质没什么欲望的人，他也会渴望一夜暴富。当然，他们不是为了背名牌包、开豪车、不工作、周游世界什么的，因为按照这类人现有的财务能力，这些都能得到。

而一夜暴富代表的，很可能是整个人生状态与格局的大转变。

我就举这么几个例子吧：

某些“小鲜肉”的演技不行，他们不苦心磨炼演技，却靠整容或炒绯闻一夜蹿红。别说德艺双馨了，就连拍戏也是偷工减料，能偷懒就偷懒。这些“小鲜肉”，让演员这个需要进行专业学习和多年文化积累的职业，慢慢变成一个快速谋利的渠道。

更可怕的是，大量德艺双馨的表演艺术家想要继续表演生涯，只能强迫自己接受这些表演水平不过关的“小鲜肉”，被迫丢掉他们坚持多年的职业操守。

这种“示范效应”，也在整个圈子里掀起了不正之风。昔日演员要从跑龙套做起，跟老前辈、老戏骨多学习，让自己在日复一日的表演磨炼中成长。而如今，不少“小鲜肉”的成长模式都太过梦幻，那些不会把自己包装成“快消品”的努力演员，反而很难获得表演机会。就像陈道明说的：“那些不愿随波逐流的演员，正在被逐渐边缘化。若全社会照此效仿，淘汰掉的必是专业与敬业之人，那岂不是黑白颠倒？”

演员的敬业并不只是表现在身体的受苦上，圈子里的老前辈，他们对每个角色都是废寝忘食地研究，对每一部作品都是超乎你想象的认真，这种态度才是“小鲜肉”更应该认真体会和学习的。

没有谁能一夜之间把演技练好，如果只靠“刷脸”，那江山代有才人出，你也只会过早地淹没在新人堆中。

有一天，我在大白天做了个梦，梦到我碰到了一个特别好的合作平台，只要我沿着那个柱子爬上顶端，就可以获得我想要的成就。但是那个柱子倾斜无比，我爬到一半爬不动了，结果发现下面是万丈深渊。

我吓得要死，但是我也没法后退，不硬着头皮爬上去我就会活活摔死，“我的梦想和焦虑一样多，我的焦虑和白发一样多”。

能不焦虑吗？但整个社会就是这样单一的衡量标准啊，似乎只有“春风得意马蹄疾，一日看尽长安花”才是人生巅峰，它早已不是一个侠义的江湖，而是一个现实的舞台。

就像演员于和伟，他从来不是天之骄子。作为一名踏实肯干的演员，他也度过了一段相当憋屈、相当漫长的日子。那时候，他要么没戏可拍，要么拍一天戏只给 200 元。

但是，只要你给他一个说得过去的机会，他就能拉升任何一个平庸作品的戏值。

就比如在高希希导演 2010 年拍的《三国》中，于和伟饰演刘备。高希希导演一跟他搭上手，就再也离不开他了。真是有戏就请，用得简直不要太放心。

于和伟这个人其实说不上高调低调，但他饰演的角色，哪怕是一个小角色，都有能碾轧全剧组的能力。

前段日子热播的《军师联盟》，当初有多少人是冲着吴秀波来的，最后却被于和伟圈了粉。以至于曹操临近谢幕，网友们纷纷刷屏，说“曹霸霸别走”。

很多人表示，于和伟饰演的曹操可以封神了。

要知道，于和伟曾经三次接触“三国”题材。第一次，他饰演的刘备不再只有虚伪和窝囊。而这次，他让世人皆知的奸雄，成为一个无法被超越的、无法被天下人看错的曹孟德。

于和伟演出了曹操的诡异狡诈，也演出了一位父亲的深思熟虑，甚至是一个朋友的真诚绝望，以及一个丈夫的款款深情。

这样的曹操，不得不让人折服。

于和伟幻想过自己会一夜爆红吗？这我说不好，我只能说，他做好了爆红的准备。只要他想爆红，他随时可以。

任何梦想，都需要脚踏实地地去实现。只有学会正视人生的每一个挫折，才能适应人生的每一次起伏。只有正确看待人生的每一场失败，才能懂得利用人生的每一次坎坷。

不要幻想自己会一夜暴富，不要做不切实际的梦，努力给自己一个平稳的心态，平衡住自己的气息，调整好自己的情绪。天下哪有白吃的午餐呢？只要不急于成功之事，就算摔了再大的跤，也一样能让自己的未来更好。

> 谭飞说：天下哪有白吃的午餐呢？只要不急于成功之事，就算摔了再大的跤，也一样能让自己的未来更好。

放慢脚步，等等自己的灵魂

剧组里有不少演员，他们一贯奉行“不要命”的工作作风，这种看似非常敬业、实则在透支健康额度的做法，让我很是担忧。

很多演员为了多接几部戏，一直磨到天亮才睡觉也是常有的事。当然其中也不乏一些人，脚步匆匆忙忙，却不知道自己究竟在忙什么。

是不是因为前面有个美好的目标正在等着我们，如果放慢脚步，它就会消失呢？其实不是。我想，大部分人表现出忙碌的样子，是认为这是一种美德。可事实上，只有在你的忙碌真正值得的情况下，才能将其称之为美德。

有时候，停下忙碌的脚步，不再因为没办法完成一件事而烦恼，给自己适当地多留出一些空间，当你不再那么匆忙时，很多美好的事情就会自动出现。

同样，有时候，在你忙碌的空当静静独处时，人生的智慧才会体现。所以，不妨从今天开始，让自己变得更加“悠闲”一些，多跟家里人相处，结果一定会让你倍感惊喜。

就拿张卫健来说，他几乎霸占了20世纪90年代的荧屏，每年高产十几部影视作品，数度问鼎古装武侠电视剧收视之冠。这位时而温润如玉、时而古灵精怪的演员，从纵横江湖的“方世玉”到笑傲武林的“韦小宝”，给无数人留下了非常深刻的印象。

可是，从2008年到2010年，张卫健平均每年只贡献了一部电影电视作品。为什么这几年张卫健参演的影视作品不是很多呢?

张卫健笑着说：“我是刻意减产的，我觉得最重要的就是跟家人相处的时间，我真的不想有一天，很想去孝顺一下的时候，有机会了，可是没有时间了。”

如今，张卫健拍戏也有些回馈恩师、帮助朋友的意思。2008年，张卫健参演了王晶导演的《夺标》；2010年，他又受好朋友曾志伟的邀约，客串了《七十二家租客》；在电影《下一个奇迹》中，张卫健也是跟好兄弟谢霆锋携手。

拍戏对如今的张卫健来说，不是一种谋生的手段，更多的是为了亲情和友情。

张卫健还表示，自己特别会从错误中学习，“我第一次在香港红起来的时候，有一点儿天下无敌的感觉。终于买了第一个属于自己的房子。我就跟我妈妈说，放心，肯定还会搬到一个更好的、更大的房子。结果我没有发现在我前面的路，是有可能出现坎坷的，结果真的就在我前面出现一个大浪，把我卷到海底。所以到后来我再成功的时候，就非常懂得珍惜了”。

就像张卫健一样，到了该休息的时候，就去休息一下吧，即便演员的时间很金贵，也必须强迫自己这么做。

当你长时间处理一件事情时，就会让身边的事物变得单调，也会让自己更容易疲乏。况且，长久维持不变的姿势，也不见得对健康有益。

与其做一些没效率的工作，为什么不干脆放空自己，走起来看看其他风景呢？说不定经过一番活动，思路就又活跃起来了呢？

要知道，人类不是机器，是无法连续运转的。不论你从事什么工作，不论你是站着、坐着还是躺着，只要维持同样的姿势超过一小时，你的身体就会产生疲累现象，精神也不会专注集中，效率就开始下降。

如果你能适时地进行短暂休息的话，休息时带来的微小损失又算得了什么呢？在休息过后，你的效率会得到质的飞跃，甚至超过持续工作的效率。

当然，休息并非意味着什么事也不做，也不是让你放纵自己，忘记自己的本职。休息的意思，是要你偶尔慢下脚步、放松自己紧张的情绪。

就像散步是一种休息；睡觉是一种休息；出去看场电影、读一本好书、看电视、听音乐，甚至跟好友打个电话、打个游戏，都是一种休息。

睡午觉的支持者丘吉尔是这么说的：“很抱歉，每天中午我都必须像个小孩儿般上床睡觉，可是睡过午觉以后，我就能一直工作到半夜一两点，甚至更晚。”

演艺圈需要休息，这是大家都应当注意的。毕竟身体健康是1，而财富名声都是0，为了0而丢了1，这是最不值得的事。

《流星花园》里道明寺的姐姐道明庄，是由台湾艺人徐华凤饰演的。而这位敬业的演员，却因胃癌复发，导致器官衰竭而去世，享年四十一岁。

天堂里多了一个艺人，而人间又少了一个演员。

当娱乐圈里接二连三地传出艺人英年早逝的消息时，这个问题也几乎成了无法破解的难题。对演员来说，他们一生都在扮演别人，到头来，却没办法阻挡自己的不幸。

2009年，TVB的老戏骨陈鸿烈，在化妆间突然心脏病发作，因抢救无效而去世；《海角七号》中茂伯的扮演者林宗仁，同样也因为心肌梗死逝世……

这样连续的、锥心的消息，就像回响在耳畔的一记记警钟，如果我们选择用掩耳盗铃的态度，继续过没有张弛的生活，谁能保证，悲剧就不会出现在自己身上？而且，演员本就是一个高压职业：有戏拍，精神压力大；没戏拍，精神压力更大。这种状态很容易让身体长期处于亚健康。而饮食不规律，熬夜等“讨生活”的方法，也很容易在年纪渐长后，为身体埋下病根。

“亲戚或余悲，他人亦已歌。”对于脚步越走越快的演员，是时候该放慢脚步，等一等自己的灵魂了，毕竟一个身体健康的自己，才是一辈子最完美的角色。

就像小沈阳说的：“人生最悲哀的事，是人死了钱没花。”话虽糙，却在理。

那些热爱生活的人，请你们放慢生活的脚步吧，看一看沿途美丽的景色，这些景色带给你的不只是愉悦，还有对人生的思考，还能避免灾难的降临。

谭飞说：今天放慢脚步，是为了让明天走得更好。

长城不是一夜垒起来的

工作是没有贵贱之分的，因为所有合法的工作，都是值得被人尊敬的。所以，不管你现在在哪里，做什么工作，都应该为自己感到骄傲，都要脚踏实地地工作。

只要我们不好高骛远，不幻想一步登天，即便在平凡的岗位上，我们依然能发现巨大的机会。只要你肯脚踏实地去做，就能一步一步靠近自己的梦想。

如今，我国经济快速发展，万事变幻万千，人心也开始变得浮躁。但请不要忘记，万事万物的真谛是永恒不变的，我们做任何事，都必须循序渐进，持之以恒。在这样的时代，谁能把心静下来踏踏实实地做事，诚诚实实地做人，谁就可以脱颖而出。

演员舒淇，她的本名叫林立慧。在舒淇小时候，她的家境不大好，父母只能通过体力劳动养活她和弟弟，一家人辛辛苦苦，勉强维持温饱。

跟同龄的小朋友比，舒淇拿不到零花钱，更不用说给自己买什么东西了。她们全家人甚至都没有吃过一顿稍微奢侈一些的大餐。

当然，穷人的孩子早当家。舒淇在高中时，选择当业余模特，经常一边拍广告一边学习，有时候时间紧，她拍完广告就赶紧跑回学校上课，脸上的浓妆还没有卸就坐到教室里。

经过多年的磨砺，如今的舒淇已经是各大颁奖典礼上争相邀请的主角之一，个人更是获奖无数。

如果舒淇只是幻想自己可以急功速成，或许演艺圈就少了一个踏实努力的艺人。

我很喜欢“纪昌学射”的故事，这个故事选自《列子·汤问》。纪昌拜飞卫为师，学习百步穿杨之术。飞卫告诉他，“眼睛要牢牢地盯住一个目标，不能眨一眨”；“练得能够把极小的东西，看成一个很大的东西”。

纪昌一一照做，等自己的眼力练好后，飞卫才开始教他如何百步穿杨。后来，纪昌果然不负飞卫期望，成了百发百中的射箭能手。

这说明了什么呢？说明你不管学什么技艺，都要从最基本的方面学习，只有循序渐进才能成功。如果什么事都想一蹴而就，只靠一朝一夕的努力就想获得真本事，这是妄想，根本行不通。

我们经常对那些有真本领的人感到敬佩，但真本领都是他们通过持之以恒的努力换来的。所以，若你也渴望自己像他们一样，拥有过人的智慧、出众的才华，就只能通过脚踏实地的努力来换取。成功，是没有捷径可走的。

就像富兰克林所说：“诚实和勤勉，应该成为你永久的伴侣。”凡事都不能驰于空想，不能骛于虚声，只有用求真的态度去踏实地工作，这样才能功成名就。

有一次，某位记者来剧组采访陈宝国。其间，陈宝国的眼睛一直在流眼泪，记者问他：“你是不是感冒了？”陈宝国说不是，是冻的，风吹的。

记者经过反复打探才知道陈宝国在三十多年前拍了一部电影，叫《神鞭》。《神鞭》里有一个角色是个独眼龙，名叫“玻璃花”。“玻璃花”的设定，是指那只瞎了的眼球，看起来就像玻璃花一样。

当年没有美瞳，化妆技术和特效技术也不好，为了打造“玻璃花”的效果，化妆师找了一枚扣子，反复打磨得很薄，就像灰色美瞳一样戴进陈宝国的眼睛里。当时，他在拍戏的时候眼泪就止不住地流，还把视网膜给磨破了，所以留下了后遗症。

陈宝国为了拍戏是真用心，为了能进入角色，发明了一个演戏方法叫“关禁闭”。他说，这个方法其实很折磨人，很摧残人，但屡试不爽。

陈宝国接到角色后，会把自己完全跟外界隔绝，关在房间里几个月。这期间，除了别人给他送饭的时候跟人有交流，其余时间根本不出屋。他一直躲在自己的世界里琢磨，让自己真的变成角色里的那个人。陈宝国管这个过程叫让“角色上身”。

有人说，做演员拿的片酬高，这些都是应该的。且不说这些老戏骨的片酬都不高，就说处在不同职位上的人，大家都承担着不同的职责，自然也就拿着不一样的薪水，这是所有人都明白的道理。出色地完成自己的工作，就是证明能力的有效途径。

很多人看着光鲜的明星很辛苦，酸溜溜地说："他们赚得多。"这句话正好暴露了他们不懂这个道理：你没有积极完成自己的工作，反而让工作牵着鼻子走，有时间吐槽别人，不如想办法变被动为主动，提高自己的业绩。

很多时候，一些小人物都会对大人物创造的大事业感慨万千。但是，你需要知道，这些大人物曾经也是名不见经传的小人物，他们开创的大事业，曾经也是不被人看好的小事业。

他们最后成了我们的偶像，秘诀是什么？就是勤奋做事，诚实做人，一步一个脚印。所以，不要再临渊羡鱼了，而是要退而织网。

踏实做事，方能稳步前进！

长城不是一夜垒起来的，就像大海是由一滴一滴水汇集而成的，高楼大厦是由一砖一瓦砌成的，每个重大的成就，其背后都是由无数小成就堆砌而成的。按部就班地做下去，是获得成功的唯一途径，也是最聪明的做法。

有时候，很多人从表面看似乎是一夜成名的。但如果你仔细翻翻他们的奋斗史，就会知道他们的成功并不是偶然的。就像我之前说的王凯和蒋欣，包括在《琅琊榜》中饰演蒙挚一角的陈龙。他们看似是幸运，看似是一夜成名，但他们为了这部剧所做的努力，也是非常人可以想象的。

就像人生不能没有梦想，工作也不能没有目标。你需要明白，梦想跟目标都是需要脚踏实地做，才有实现希望的。事业中没有奇迹，一切都要靠你一步一步地做出来。

谭飞说：我们不但要想到成功后会怎么样，更要想怎么样才会成功。

没有信念感的人，注定与成功无缘

大多数人喜欢谈论成功，喜欢分析成功的原因。不论他们自己是否已经成功，谈论成功仿佛就能够代表一些什么。

我也喜欢谈论成功，我谈成功不谈别的，只谈信念。不管跟谁，不管谈论何种成功，我都很看重信念这个东西。

成功的人一定是有信念的，这是一个真理。但反过来说有信念的人一定成功就显得不太靠谱。成功需要很多因素，信念是其中之一，信念能对成功起到什么样的作用，这一点则完全要看不同的个人如何去实践这个信念。

信念更多的表现为一种内观，我们需要不断去为自己强化这种心理上的意识，可以通过嘴上不断去念叨来坚定自己的想法。我说的这个念叨只是一个形式，可能也是最为基本的一个形式，其他强化信念的方法还有很多。

信念这个东西要是说它有多大的力量，可能并没有办法说起。信念是什么呢？一个想法？一种观念？还是一个指示着方向的目的？信念比较抽象，真正具体的是实践信念的种种做法。

前段时间，我在关注一档综艺节目，几位老朋友在其中担任评委。我对中国综艺节目的这些个模式算是很谙熟的，但这档节目还是让我眼前一亮，当然这种眼前一亮也就是短短的那么一瞬。后面的争吵、爆料、黑幕什么的，我就没再去关注了。

这档节目将定位放在了“演技”上面，人生如戏，全靠演技，不管是生活还是戏剧，演技都是很重要的。大多数人都在这档节目里寻找演技，而我在这档节目里寻找的却是信念，不管是真的还是假的，至少很多人在这档节目里面展现出了信念。

一个考验演技的节目，我却发现了其中的信念。事实上，这档节目所传达的就是个信念的问题，是一个有没有做演员的信念的问题。演技这个东西可能能学会，可能一辈子也学不会，但有信念在的话，至少能够保证你一直学下去。

我印象比较深的是几个年轻人一同表演的一个节目，呈现出来的效果也正如节目放送的效果一样。从演技上来说，年轻人和台上的评委自然是没有办法可比的，但在信念上，我倒是认为不仅有得一比，而且年轻人的信念感可能还要比自己的前辈们更强烈一些。

信念感会随着时间而慢慢被消磨，在一个行业中浸淫得越久，信念感被消磨得就会越严重。所以一般来说，在一个行业中摸爬滚打了二三十年，甚至是更长时间的人，如果还能够保有刚入行时的信念感的话，那可以说，这个人是十分难得的了。

年轻人有信念感很好理解，刚刚进入这个行业，一无所有，甚至也是一无是处，做演员的没有演技，做歌手的五音不全，做偶像吗？那是什么，我没有听过这个职业。所以说年轻人因为什么都是“零”，他们就会有一个信念感说是要突破这个“零”，做不到一百也要做到九十九这样子。

当然，年轻人也并不是都具有信念感的，信念感这东西如果人人都具有，那它也就没有什么值得提及的价值了。信念感是每一个行业的人都应该具有的东西，作为演员，相信自己、专注于每一个角色的演绎，这就是信念感。如果一个人对于自己所从事的职业没有信念感的话，很难相信他们能够从这个行业中获得成功，别说成功了，能够成为一名合格的从业者都难。

在娱乐圈确实存在着一些缺少信念感的人，他们虽然人气不低，报价不低，但对自己身份和行业的认知度却很低。作为演员，他们不仅在演技方面屡屡遭人诟病，还使用各种手段敷衍、欺骗观众。以不负责任的态度去对待自己的职业，这样的人在现在的娱乐圈中还真是不少。

一些“流量明星”对表演并没有信念感，却依然占据了市场最好的资源。他们用零演技拿着超高的片酬，不禁让很多老戏骨唏嘘。

这些“流量明星”有的是粉丝，也有的是人气。即便他们的演技生涩，频繁使用替身，甚至还有抠图、用倒模等现象，但仍然被几百万上千万的粉丝以“我家爱豆最敬业最努力”疯狂刷屏着。

这些明星的粉丝根本不在意自己偶像的演技怎么样，也不在意他出演的作品怎么样，他们只在乎偶像的“人设”。在这些粉丝看来，偶像的人设比他的人品和演技更重要。一些“流量明星”只需要经营好“人设”即可，何必努力提升自己的演技呢？

一位导演曾这样解释：“一般我们用老演员，这次选角算比较蹊跷的。他们说他有1700多万粉丝，如果用了他，我们现在网络可以签到什么价格？我立马说签他，不会演戏我也会让他演戏！”

这就是行业的价值导向趋于畸形造成的。导演没办法，剧组没办法，如果不遵循这种畸形的价值导向，在激烈的竞争下就是个死。

有人说不管怎样，他们就是成功了，成功了不就好了吗？也是，他们不管怎样竟然还成功了，我也好奇，为什么他们还成功了？

如果非要我找到他们成功的一些原因，那我只能说是现阶段中国畸形的影视创作机制造成的。很多影视作品的制作者过分追求作品的收益，而忽视了影视作品的质量。这也就导致真正对影视表演抱有强烈信念感的人没有机会演戏，把演戏当儿戏的人却占据着大量的资源。

出现这种问题的原因我也很能理解，毕竟我也是从事这方面工作的，很多东西首先需要环境变好了之后才能去改变。影视制作的大环境是这样，里面很多问题自然是没有办法解决的。

当然，这些没有信念感的明星，在最初入行时可能会被粉丝捧上天，还会有不少普通观众被一些“脑残粉”给“安利”忽悠住，对这些“流量明星”跟风趋捧，但上当受骗次数多了，反而会让这些“流量明星”沦为“圈子毒药”，并最终被这行抛弃。

谭飞说：人不能没有信念感，没有信念感的人，注定与成功无缘。

第八章

更好的自己，已经在未来等你

未来掌握在每个人的手中，你想捏出什么样的形状，就会形成什么样的形状。当然这只是一种最为理想的状态，未来可不是死的东西，它可能会跑，也可能会逃。不是常有时间在指尖溜走的说法吗？时间不就是未来吗？

等个机遇可以，但不要坐着等

天上到底会不会掉馅饼？如果有人问我这个问题，我会毫不犹豫地告诉他“会掉”，然后再接一句，“但一定会掉在不断奔跑的人嘴里”。

事情很简单，当你坐在地上看到天上掉馅饼的时候，别人已经张开嘴等在那里了，哪里还会有你的机会？

从业这么多年，我见过太多坐在地上、张着大嘴等天上掉馅饼的人了。已经多到数不过来，但让人失望的是这样的人还在不断增加。

横店是一个神奇的地方，不仅是因为这里是全中国最有名的影视剧拍摄基地，更多的还是这里一个能够造梦的地方。在这里可以创造出绚丽的美梦，当然也会出现白日梦。

我已经不知道去过横店多少次，每一次去都会产生一种别样的感觉，倒不是每次去都拍不同的剧，而是每一次去都会见到一些不同的风景。说实话，去过横店两三次就能够对横店的自然风景了如指掌，但想要对那里的人文风景产生更深的了解，你就要深入其中，深入到那些人之中去。

作为导演，我可以轻易深入横店的那些人之中，看着他们造梦、等梦，当然也有人在做梦。在说我的切身经历之前，我想先借着前几年尔冬升拍的《我是路人甲》来说一说。

“这本身就是一个梦”，这是我对这部电影的评价。因为各种原因，我看了很多遍这个电影，当然，我也见过许多横店的现实。

电影《我是路人甲》中的绝大多数演员都不是专业科班出身，他们有的是半路出家，有的完全是表演的门外汉，但不可否认的是他们呈现出了一场精彩的“表演”。说是表演，更多的也是他们自己在横店的真实生活。

凭借对影视表演的热爱，一群年轻人来到了横店，这些年轻人都很有梦想，和我在横店接触的年轻群演一样，都是一群很有活力的人。

我看着电影中的他们，又看了看现实中的他们，真的完全一样，没有办法分辨。他们的生活就是电影，他们也把电影演成了自己的生活。我想这也正是这部电影成功的地方。

我对电影中的几个人物印象十分深刻，万国鹏这个小伙子是个追梦的人，从条件上看，想要成为明星，尤其是流量明星，显然还有些欠缺。在表演上也看得出其中的稚嫩，但也正是这份稚嫩让他把自己的角色演得很自我。

王婷是个很独立的女孩子，我在横店见过很多这样的女孩儿。社会是个大染缸，横店这口缸里面的颜料更多，但就是有人不会被染上自己不喜欢的颜色。当然拒绝了自己不喜欢的，自己喜欢的很可能也会被别人剥夺。

我对电影中这些小姑娘和小伙子的印象很深，正如在横店见过的那些小姑娘、小伙子一样。他们来到横店做群演都是在等一个机会，一个能让他们成为演员的机会。

前面我提到了“明星”这个词，我其实并不喜欢现在社会上流行的这个明星的叫法。演员就是演员，歌手就是歌手，主持人就是主持人，什么都叫作明星的话，很可能连他们自己都会忘了自己的真正身份。

插了一句题外话。来横店的年轻人都在等待成名的机会，但在等法上就有很多不同了。不说电影里面的，现在来说说我真正在横店遇到的。

一次去横店探班的机会，让我认识了横店的一个群演，小伙子样子瘦瘦的，却让我叫他小胖，说是之前是个大胖子，现在和之前比应该算一个小胖子。小伙子很机灵，在剧组也是串这串那，不管有没有自己的戏份，至少在我在剧组的一周中，他都在剧组忙活。

有戏份的时候，他就老老实实演戏；没戏份的时候，他一会儿客串化妆助理，一会儿客串道具助理。虽然这些工作都有人做，但他就是喜欢跟着别人掺和。看得出剧组的人都很喜欢这个小伙子。

利用中午吃饭的空闲，我和小伙子聊起了天。他家就在横店附近，父亲开着一家从爷爷那儿接过来的饭店，按理说这家店也应该由他这个独子来继承，但他偏偏跑到横店当起了群演。

为了这个事，他老爸关了几天店来横店“提”他，结果这对父子一起在横店待了几天，看到儿子从“大胖子”变成“小胖子”，父亲自己回去了。小胖也不知道父亲为什么没有把他带回去，在我看来，做父亲的可能看到了儿子一直在奔跑着吧。

对，“奔跑”就是我想要说的。在横店有太多人在奔跑了，导演在跑，制片人在跑，剧务在跑，演员在跑，所有人都在跑。但我还是喜欢那些“奔跑”的群演，他们都在等一个机遇，因为心情很急切，他们必须要用跑的。

当然，横店也有坐着等机会的人，他们有天赋，有脸蛋，却没有跑起来的意愿。在我看来，他们也很难有实现梦想的可能。

孙红雷也曾经是“奔跑”在横店的年轻人，最初他连群演的工作都接不到，慢慢地他开始接一些没什么戏份的群演，用微薄的工资维持自己在横店的生活。

他必须奔跑，所以他从群演跑到场务，然后一步步在剧组里面稳定下来，这样才算让他在横店扎了根。跟剧组熟了之后，孙红雷跑得更勤了，这样不仅场务的工作顺利了，演戏的机会也多了起来。

孙红雷一直跑到自己的机会到来，一个黑社会老大的角色让他的人生彻底起飞。这就是一个机遇，如果他不跑起来，拿到那个角色的就不会是他。

事实上，不仅是横店的人，我们每一个人都在等机会。坐着的人会认为机会很少与自己擦肩，跑起来的人则不断获得机会，所以这不是老天的问题，而是我们自身的问题，能不能成功这事，你去问老天，不如问问自己，看看自己是不是在为成功这事不停奔跑。

谭飞说：如果你只是坐在原地等机遇找上门，那你只会失去更多的机遇。而且，你确定你能 hold 住到手的机遇？

你去年的计划，今年实现了吗

最近几年都听不到除夕夜的鞭炮声了，可能是查得严，也可能是人们都不喜欢用这么喧嚣的声音来欢送过去的这一年了。

之前每次除夕听到鞭炮声的时候，我都会想想在过去的一年是不是还有什么事情没有完成的。每一次都能想到很多，但大多能在鞭炮声响完之前算清。

最近几年可能是因为鞭炮声少了，我就不怎么去想过去一年未完成的事情了。当然，这只是个托辞，主要的原因还是这两年没完成的事情太多，以至于记都记不清了。

我觉得这不仅是我一个人的问题，大多数人都会遇到这种情况，去年的计划还没有完成，新的一年就到来了。

大多数人都能意识到这个问题，但很少有人会去分析原因。没有实现去年的计划，今年再继续吧！一句话带过了很多问题。

很多人都不会去想“为什么去年的计划没有实现啊”“我这一年

都做了什么啊”这些问题，他们认为这些问题会随着除夕的鞭炮一起燃烧、爆炸，然后粉碎。

事实上谁都知道这是在自己骗自己，但很多时候可能只有这样我们才能过好新的一年。这样我们才能够重新制订新的计划，然后年复一年，岁月蹉跎。

提到这个问题，我想起前段时间王宝强去领“金扫帚奖”的事。这件事还是让我挺惊讶的，但这种惊讶也只是惊讶了一下，也是因为去领奖的是一个“傻根”。

作为演员来说，王宝强始终都是优秀的。《天下无贼》中的“傻根”可能让更多的人认识了他，但实际上，他的演艺经历要比“傻根”丰富得多。

他是个可塑性很强的演员，甚至不需要导演刻意去塑造，很多时候他自己就能找到自己作为演员的那个角色定位。在这一点上，他和黄渤是很像的。

虽然在做演员方面可圈可点，但在做导演这件事上我还是不太看好王宝强的，至少在《大闹天竺》上映的时候，我是真的觉得这个片子不怎么样。喜剧不是为了搞笑，而是为了让人笑，搞笑和引人发笑是两件完全不同的事。

虽说片子不怎么样，但票房成绩却应该是让人高兴的。这里就要说一下计划的问题了，如果只是为了拍一部赚钱的电影，那王宝强的这次尝试可以说是成功的。但如果他是要计划拍一部好电影，拍一部让观众和市场都认可的电影，那这个计划可能就算是失败了。

“金扫帚奖”评了九年了，无论是“最令人失望男演员”还是“最令人失望女演员”，都没有一线明星去领过奖，更不要说“最令人失望导演”这个奖了。只能说“皇冠”太重，没人敢戴。

王宝强算是做了个第一，他不仅去领奖了，还发表了一系列真挚的感言。从他的话中可以看出，他是计划拍一部观众喜欢、市场也喜欢的电影的。但从结果上看，给他这个奖也就说明观众可能并不喜欢他这个电影。

他想要用这把金扫帚鞭策自己进步，我不知道效果究竟会怎样，但至少能够看出这个人知道自己在做什么，想做什么，以及还有什么没有做的。

毫无疑问，在导演这条路上，王宝强还打算继续走下去，即使是从三流导演开始做起，他也打算继续试试。那么这把金扫帚可能就成了一个标志，标志着他第一个导演计划的未完成和失败，同时这里面应该也会有一个反思。

当然，他要拿着这把金扫帚去反思什么，我们就无从而知了。但至少他在“去年”和“今年”之间停顿了一下，停下来思考了一下。

那么，你是否在时间的新旧交替中停下来思考了呢？我是还会继续思考的，虽然没有了原来那般震天响的鞭炮声。

“你去年的计划，今年实现了吗？”这句流行的网络用语在我看来很有思考的意义，在我的思考中，它可以从两个方面去看待。

如果去年的计划实现了，那很好，继续走下去就好了。想要拍高票房的电影，拍成了高票房的电影，即使观众不认可又怎么样？钱赚到了，继续走下去就好了。

如果去年的计划没有实现，那还真糟糕，停下来吗？可以停一下，思考一下，然后还要继续走才行，路还很长。想要拍让观众认可的电影，拍成了有市场没观众认可的电影，那就要停下来好好想想为什么，钱赚到了，目的却还没达到，想明白了再向前走，这样才能走得稳。

我这个人不常定计划，因为我身边的变化实在是太多了。往往这个计划还没走几步，又出现新的东西吸引了我。现在的社会节奏真的是快了很多，有时候你想要慢慢地实现一点自己的计划，不知道什么时候就会冒出点有趣的东西让你的计划泡汤。

在我的记忆中，这一年里泡汤的计划还真的不少，但这里面有一个规律。那就是泡汤的计划可以被新的计划有效地承接下来了，也就是说我原来的计划确实完蛋了，但是现在新的计划可能也是要在那条路上走，只不过可能有时候要走得远一些，有时候要走得快一些。

所以说在这一年之中，我真正想要做的事情还差不多都做到了某种程度。不能说完全实现了，至少有些“雨露均沾”的感觉。

有时候也在想不去定什么计划，跟着感觉来就好了。但当你处在一定的位置上的时候，可以不顾自己却不能不顾别人，自己有工作要处理，处理好了大家都有饭吃，处理不好大家都饿肚子。所以计划还是要有，实现不实现的就要看怎么努力，往哪个方向努力了。

计划没有实现不要紧，真正要紧的是你有没有发现为什么去年的计划在今年没有实现。原因很重要，先去找原因，然后再去找方法，没实现计划这个结果就不要过多关注了。

没实现的计划不会随着新年的鞭炮声一起消失，只会随着大脑的记忆一点点遗忘。至于要怎么面对这件事，还得看自己怎么想，“金扫帚”可能真是一根驱人前进的鞭子。

> 谭飞说：不要让明年的自己，责怪今年的你。

别让四十岁的你，责怪二十岁的自己

最近正巧赶上艺考季，闲来无事去各大高校转了一圈，现在的姑娘和小伙真是越来越好看，现在的艺术考试也真是越来越难。

一群人站在岸边想要乘上小船，坐上小船就可以抵达梦想的彼岸，奈何人多船小，真正能够驶向梦想彼岸的人并不多。

这跟高考很像，甚至要比高考还有难度。我对这些年轻人很感兴趣，很想知道他们为什么这么拼命地要往这艘小船上挤。

我跟公司里面的员工谈论过这个问题，现在为什么小孩子们都这么拼命，才二十岁的年纪，就已经为四十岁的人生做好了规划。想当年我别说规划了，过了今天，明天要怎么办还不好说呢。

大家的普遍观点是现在的社会节奏快了，人们的意识也要实时跟着社会的节奏走。今天社会上说经济学能挣钱，学经济学的人就会很多。到了明天，经济学不行了，大家又转去学习别的。大家都在跟着社会走，并不是跟着规划走。

我倒是不太认同这个观点，我喜欢这些年轻人，正是因为他们有着自己的规划。成为大明星不是规划吗？是的，这是很现实的一个规划。但具体能不能实现就要看这个规划细致到什么程度了。

我想说的是这些二十岁出头的年轻人，正在拼命的事是值得去做的，至少在他们看来是值得的。这一点是我认可的，二十岁的年纪应该做什么呢？做梦啊，做一个明星梦，在二十岁的年纪他们有这样的特权。

很多时候我倒是觉得过了这个年纪的时候，再去做这种梦，就会显得不切实际了。二十岁就做二十岁的事情，省得到了四十岁再去后悔。想去挤那艘小船就去挤，成功和失败都不耽误你继续向前走。

虽然置身于娱乐圈，但我这个人倒不会太多关注这里面的事儿。娱乐圈到底是乱还是不乱，我也没兴趣去了解。倒是娱乐圈中的人我还有些接触，也愿意说一些他们的事情。

既然这里要讲的是二十岁的事情，我就说几个我稍有关注的小明星。认真来说，这些年轻人还真的不能算是小明星，至少在创造价值方面，他们已经远远超过了比他们大得多的人。我说的小是他们年纪上面的小。

二十岁出头的年轻人在这个行业中有很多，已经出名的不少，没有出名的更多。圈外人看到的多是出了名的那些，圈内人看到的更多是还没出名的这些。

你说差在哪里呢？我还真是看不出什么门道来，“美丽帅气”“聪明乖巧”“能歌善舞”这些词似乎都解释不了这个问题。我也解释不了他们为什么会红，当然我在这里要说的也不是这个。

我想说的是这些年轻人在二十岁出头做的这些努力，看上去很多人都没有取得好的效果，但至少是把种子种下去了。种子种下去之后，开花结果的事就要再说了。

这个“再说”里面，可以说的东西就太多了。因为不是我要讲的东西，这里也就不再多说。他们这些年轻人在二十岁出头就要进入娱乐圈，这个举动的原因我们不去过多探讨，单说这种举动本身，我觉得还是很值得鼓励的。

这要怎么说呢？不管水多深、水多浑，他们都要跳到里面探一探的勇气我是挺欣赏的。毕竟在里面看时的风景，和在外面看时的风景是很不一样的。

我们那个时代是什么呢？是没机会去探，很多东西都在面上，不用你去探什么深浅。所以也就很少有人会去探寻二十岁的时候应该去做什么，应该去追什么，然后又应该去做什么。可能也是机会太少，人们可做的也少。

现在来看，那个时代的机会也不少，只不过真正抓住机会的人不多。抓住机会的那些人现在应该正混得风生水起，而没有抓住机会的人可就只能唉声叹气了。唉！早干什么去了。

所以我说现在这些二十来岁的年轻人很好，至少他们能够有选择地去做一些事情，一些在他们看来可以改变自己命运的事情。至于结果如何，那可能是他们四十岁的时候才会遇到的问题，现在来说，也就只能拼命去做了。

很多时候我觉得人可以不那么拼命，但不拼命是不拼命，该做的，想做的，还是要趁早去做。你二十岁的时候想着要做点什么事情，想到了三十岁，觉得可以做了，但这事情早就变了，你都没有机会再做了。那四十岁该干什么呢？那就只剩下一声叹息了。

我很不理解后悔过往的那些人，事情都已经过去了，还惦记着有什么用？既然当时没有想做什么就做什么，现在想着还有什么用处？现在就要去做现在的事情，现在想着过去的事情，未来你就会后悔现在没有做的事情。

有些人可能一辈子都会活在后悔之中，他们只会后悔，不会看着眼前，看着脚下，更别说看着前方了。那么他们怎么走路呢？倒着走倒是不至于，那就不走呗。很多人好多年都处在原地踏步的阶段，改不过来，也走不下去。

不后悔是我做人做事的一个原则，我总是想到什么就去做什么。当然，这些事情中有失败的，也有成功的，但绝对没有后悔的。做了的事情不会去后悔，没做的事情也不会去后悔，因为那都是过去的事情，我现在所想的就是做好现在的事情，这样十年后、二十年后我也不会后悔。

谭飞说：你连生活在最底层都不怕，还怕什么呢？只要往前一点，你就能让自己焕然一新。

你的未来掌握在你自己手里

未来在哪儿？在你手掌能触及的地方。这是我对未来的理解。可能让别人来说，未来就掌握在每个人自己的手里。在我看来，这和我的说法在意思上是一样的。

未来掌握在每个人的手中，你想捏出什么样的形状，就会形成什么样的形状。当然这只是一种最为理想的状态，未来可不是死的东西，它可能会跑，也可能会逃。不是常有时间在指尖溜走的说法吗？时间不就是未来吗？

我其实不太擅长去讲未来的东西，让我讲讲过去可能还有许多可说的，未来这东西，我又不是预言家，没有办法来评说它。所以在这里，我还是讲讲现在的一些东西。

既然未来掌握在我们自己的手中，那么现在怎么塑造它应该是我们关心的主要问题。说是塑造未来，实际上还是塑造自己的故事，也就是现在的你要怎么样成就未来的你。在这里我还得提到一个我比较熟悉的人，前面也提到过，他叫孙红雷。

说孙红雷要从什么时候说起呢？他的故事大家也都知道，我就不细细地去说了，就从他学霹雳舞那段说起。不可否认他是具有艺术天分的，从现在他参加的一些综艺节目中也能够看出来，他身体中的艺术天分还真是不少。

他最初学霹雳舞是纯粹出于喜欢，喜欢着，喜欢着，自己也就着迷了，着迷之后就是不停地练。当时的他应该没有想到过当明星的事情，但至少会想过拿个霹雳舞冠军什么的，然后他也确实拿到了一个霹雳舞比赛的一等奖。

看上去他已经把自己手中的未来捏得有模有样了，这时他的一个决定可能稍稍改变了他未来的形状。他选择放弃学业专心演出，他想要用这个霹雳舞演出来改变自己当时的生活，当然也包括未来的生活。

然而当霹雳舞的热潮过去之后，他手中的未来也开始变得七零八碎了。碎是碎了，但未来至少还在自己的手中，他又想到了新的未来，他打算去报考中央戏剧学院，走一条并不好走的大道。

说是大道实际上还是一条独木桥，面对着所剩无几的招生名额。他只能在一个月的时间里面疯狂消耗自己身上的卡路里，当然，并不是他瘦了下来，就获得了录取名额，很多时候过程才是最关键的。

走上了大道之后，他也就只剩下一种选择了，那就是继续走下去。至于结果，也就是未来会成为什么样子，那可能性就多得数不过来了。很多时候，并不是你想把未来捏成什么样子，未来就会变成什么样子的。

和大多数走上大道的人一样，孙红雷也经历了很长时间的蛰伏期，但也正是这段蛰伏期让他潜下心来沉浸在自己的表演中。在不断丰富表演经验的同时，他也在细心打磨自己未来的样子。于是在长时间的《潜伏》之后，他迎来了爆发，未来也被打磨出了样子。

在外人看来，他的经历是非常励志的，但对他自己来说，这个励志可能要加上一些煎熬。把未来握在手中的感觉并不是那么好，真正在乎的人会悉心打磨它的样子，并不在乎它的人可能完全不会去管它变成什么模样。变好了自然欢喜，变得不好也就抱怨抱怨得了。

对自己不负责任这件事可能谁也管不着，就连父母也应该算是没有资格的。当然也不能排除有的人真的想要将手中的未来打造得像个样子，却又缺乏成熟的手法。这些人至少是想要变好的，要比那些自暴自弃的人强太多。

其实说到打造未来的手法这个问题，还是一句话：各人有各人的命。很多时候，你的未来就缺少那部分材料，你却非得往那个方向打造，那最终的结果可能还真的不会太乐观。我说不会太乐观，而没有说不可能成功，是因为很多时候努力能够填补那缺少的部分材料。

上面这种情况其实还好，缺少材料的话，努力努力可能也能取得一个好的结果。怕就怕在手中根本不缺少材料，却认为自己“手牌”不好，然后把自己的未来局限住了。这就是攥着一手好牌，却没有打赢这场牌的原因。

为自己设定限制这一点要不得，但为自己设定目标这个事可就要必须做了。只有拥有一个明确的目标，你才能知道要怎样去雕琢自己手中的未来，哪一部分需要削去，哪一部分需要用努力填充。

设定目标可以说是塑造未来的一个起点，大多数拥有美好未来的人都曾为自己设定过目标，而那些并没有获得美好未来的人，可能在很大程度上都没有为自己设定过明确的目标。不知道未来的大致模样，怎么能打造出精美的未来呢？

现在很多人的问题就是不明白自己的未来是掌握在自己手中的，不明白想要获得一个好的未来，首先需要为自己设定一个明确的目标。正因为这样，他们才不知道自己应该做什么，需要做什么，所以他们在生活中过得很安稳，但一辈子可能也就只有安稳了。

我并不是说安稳不好，只是多走一些不寻常的道路才能够见识到更多常人难以见识到的风景。就好像现在我站在自己这个位置上，就能够看到许多别人看不见的东西。

所以说，年轻人就去创造吧，趁着还有从头再来的机会，就去拼搏吧。

谭飞说：你努力，你奋斗，你有智慧，你长得好看，你什么都有，那你拿什么不成功？

没拼过，拿什么回忆人生

我很赞成年轻人去拼搏，因为他们在未来还有很长的路要走，还有犯错之后重新再来的机会。一般来说，一条道走到尽头的人很少，大多数人都是像只“没头苍蝇”似的，在人生的道路上不断乱撞，最后才撞出了自己的一片天地的。

我这里说的拼搏和努力在意思上还有些不同，努力可能在用力的程度上稍浅一些，拼搏就要更加用力一些，有点儿拼命的感觉。我的这个意思跟歌曲里面唱的“爱拼才会赢”有点儿相同的意味。

年轻人的拼搏要带点儿拼命的意味，上了年纪之后，就不用再带着这么强烈的拼命劲头走下去了。这是我坚持了很多年的观点，因为无论是从主观条件，还是从客观逻辑上讲，这样想都算是没有错误的。但自从遇到老蔡之后，我的这个想法就很快被自己推翻了。

在这本书中，我所提到的大多都是影视圈、娱乐圈中，我有所了解的明星的故事。在这里虽然也有明星故事可提，但想了想，我还是觉得老蔡的故事更加适合说明我要表达的这一主题。仔细想来，构思这一主题的时候，我的脑海之中似乎只有老蔡一个人。

最初认识老蔡是在剧组里面，具体的时间我有些记不清了，因为后面几次见面也都是在剧组，以至于到底是哪部戏让我记住老蔡这个人的，我有些迷糊了。第一次见到老蔡时，他的身份是一名特技演员，主要是负责给明星当替身，表演一些特技动作的。

因为那个时候对特技替身的要求并不高，所以老蔡这种并不是行家里手的也可以做这份工作。因为存在一定的危险性，所以特技替身的报价也会比其他替身和群演高一些。当时老蔡就是冲着多挣钱的目的，才选择的这个工作。

老蔡挣钱是为了让家里的儿子上学，但没想到自己出来打工几年，妻子却跟着别人跑了，儿子也被带得不知所踪。老蔡最开始有些伤心欲绝，停了好长时间的工，但媳妇找不回来了，儿子也找不到了，老蔡也就不再想着这个事情了。

再见到老蔡的时候，他已经不再干特技替身了。原本奔走在几个剧组的他，已经固定跟着一个剧组来回跑，一有戏要拍，他就赶到剧组，没有工作的时候，就到处闲逛。老蔡从特技替身转变成了剧组的各种助理，他十分熟稔其中的门道，所以跟剧组的负责人关系都特别好。

要说老蔡这个人有一点好，那就是肯拼命，不管是干什么，都要去拼命地干。他的这种拼命劲要比做特技替身的时候还要狠。就是一个简单的管理剧组道具的工作，他能拿着一个小本子满剧组追着人家要道具，道具出现一点儿问题，都要吹毛求疵地问个明白。

这一点有好处也有坏处，让人喜欢也容易招人厌烦，但好在喜欢老蔡的人是剧组管事的，不喜欢老蔡的人是被管的。老蔡的拼命劲得到了好多剧组负责人的认可，因此一有什么戏要拍，他们首先想到的就是老蔡，不管是缺少什么职位，老蔡准能填补上那个空缺。

老蔡还有一个特点，那就是爱讲故事。跑了这么多年剧组，他确实有很多故事可讲。他的故事也很吸引人，往往能够让人从这个朝代穿越到那个朝代中去。除了在剧组中跑，老蔡还透露过自己要写剧本的打算，当然大多数人都当作故事去听这件事了，包括我在内。

我曾经和老蔡谈过几次，询问过他为什么要在剧组中这么拼命。平时的老蔡总是嬉皮笑脸的，年纪在不断增长，像小孩那种爱开玩笑的劲头却没什么变化，但当谈到拼命这个问题时，老蔡的神情就凝重了很多。

用他自己的说法，以前拼命是为了让娃上得起学，不至于像自己一样到哪儿没个着落的。但找不到儿子之后，他的拼命就是为了自己了，他要在剧组里面扎下根，让自己有个着落。从现在的实际情况来看，他的拼命取得了想要的效果。

在我看来，老蔡的拼命除了让他在剧组扎下根之外，更让他获得了更多的人生体验。在做特技替身的时候可能并不需要说什么多余的话，所以老蔡总是沉默寡言的。当在剧组闯开之后，老蔡嘴上的话也多了，时间长了，故事也多了起来，当然，慢慢地，老蔡的听众也多了起来。

老蔡的故事往往都是回忆自己过去的经历，看上去没什么吸引人的地方。但老蔡往往会在经历中插入当时剧组的各种小花絮，包括他和哪个皇帝喝酒了啊，谁演的皇帝最像啊，老蔡故事的魅力是在这里。

有时候我都觉得老蔡真的能够成为一个作家，他只要把自己的这些经历和回忆整理一下，就是一个很好的故事集。再搭配一些幕后逸事，让明星帮着推一下，老蔡还没准真的能够再向前进一步。

老蔡直到现在还在拼命，他的故事也在继续传播。老蔡这几十年是拼命拼过来的，也正是这样，让他拥有了充分的经历来架构自己的人生。这样即使到了垂暮之年，老蔡依然可以细细回味起自己的人生，那是一段异常丰富的经历，也是一段十分值得的人生。

大多数人做不到老蔡这样，就连我也是。拼搏嘛，拼命嘛，说着容易，真正坚持实践下去的人真的不多。但不管是成功还是不成功，只有拼搏过的人才能够有资格回忆曾经走过的人生，那些站在原地不向前走的人根本没有什么人生可以回忆。

所以说，即使拼搏很艰难，也要试着去做一下，不管成功与否，至少能够给自己一个回首过往的机会。很多时候有些美好回忆也是不错的，不是吗？

谭飞说：与其羡慕别人生活优渥，还不如靠自己获取富裕的生活。别让未来的自己，跟孩子一起羡慕别人。

未来已来，你准备好了吗

谈未来这个事，大多数人都觉得离自己太远。要问到底是怎么个远法呢？他们可能也说不出来什么。

未来有多远这个问题没有人能回答明白。要怎么回答呢？你可能会活到八九十岁，但你也可能明天就出点儿什么事情。即使活到了八九十岁，到那时候你只能躺在床上，等着别人给你端盘子递碗，你的心情可能也好不到哪儿去。

所以说啊，别管未来有多远，都不能再等了。明天就是未来，那今天过去了，明天也就到来了。所以说未来已经来了，那你准备好了吗？

有的人可能对准备这事感到诧异，时间就在那儿慢慢地流淌，未来就这样一步一步地到来，还要准备什么呢？我们根本不知道未来长的是个什么样子，又要怎么来为它准备，给它“量身做衣服”呢？

这句话问得在理，也很能切中要害。谁知道未来长成什么样子？

你的未来和我的未来一样吗？很大可能不一样，那这个问题就不能问别人只能问自己了。你想要未来变成什么样子，可能你就要照着什么样子去准备。

说一点我看到的事情。前面也说过我比较关注那些圈里面的年轻人，不管是已经成名的，还是等待成名的，我觉得他们的一些经历应该对大多数人都有借鉴的作用。可能借鉴不借鉴也说不上，只是可以看着别人的人生来比对自己的人生吧。

就说说这两年比较火的三个年轻的小伙子吧。他们具体是从哪一年火起来的我也记不太清了，只知道现在的他们能调动着大量的流量。现在市场上喜欢讲流量明星，其实我对这个词并不太认可，流量这个说法太表面了，表面到你完全不知道它代表着什么。

可能市场更多的是看重他们吸引流量的能力，所以创造出了一批这样的群体。群体其实是早就存在的，只不过是市场把他们重新归了下类，然后又冠上了一个新名词。叫起来顺口，写文案也方便。

市场在这方面可是有够偷工减料的了，但我看这些年轻的小伙子却并没有给自己偷工减料。我刚接触这三个小伙子的时候，他们正在录音棚录音，这是他们的专长，也算是吃饭的饭碗了。

我对音乐的造诣没多深，也就不在这方面多做评价了。再次见到他们的时候，只见到了一个小伙子，当时是在剧组，拍一部玄幻题材的电视剧。演戏这方面我倒是可以评价评价，小伙子很用功，但在表演上还是有些稚嫩，正如他这样的年纪，要是不稚嫩，我倒是感到好奇了。

在剧组待了几天，小伙子拍完戏就走了，走得匆匆忙忙，是急着赶下一个通告去了。有时候我会想，这样来去无影的，到底能做好一件事情吗？单拿演戏这件事情来说，我觉得还得下苦功夫才行。

没过多长时间，我又遇到了这三个小伙子，听助理说是要赶着去上文化课。这可让我有些惊讶了，我倒不是惊讶他们上文化课这件事，我惊讶的是当时已经是晚上 10 点多了，看样子他们还在路上奔跑着呢。

年轻人累点也好，不然都不知道生活有多艰辛，把日子过成月子才算是真正体味了人生。后面和他们接触的次数就不多了，但他们的消息倒是不断地传到我的耳边，出了新歌，拍了新戏，参加了新的综艺节目。

总之就是他们不停地跑，人们也就不停地追。这时候我想到了“准备未来”这件事，仔细想想他们这是一直在准备着呀，唱歌、演戏、上课，未来是什么样子他们也不知道。但能够决定未来样子的东西可能就是他们正在做的这些事。

当我想着时，他们的消息又不绝地传到我的耳边，这回是又唱了更多的歌，又演了更多的戏，又参加了更多的综艺节目，最近是走入了大学校园。

很多时候，看上去我们是在做一件件与未来毫无关联的事，那是因为不知道未来到底会是什么样子，所以才会产生这样的感觉。读书有用吗？这算是正经事，人人都应该去做。那么不太正经的呢？练长跑有用吗？这个问题就值得讨论讨论了。

读书至少在未来能够给你一口饭吃，长跑能吗？如果要说抢饭吃，练跑步确实有优势。

长跑也能在未来给你一口饭吃，只不过是吃多吃少的问题，遇到好的机会没准练长跑要比读书更加有用。

说了这么多，其实意思只有一个，不要等未来自己到来。你觉得明天就是未来，那明天就是未来；你要把十年之后当作未来，那十年之后就是你的未来。未来这个东西还真的是没法描绘出它的形态。

但不管未来在什么时候，我们个人都需要为之做好准备，不管是有用的准备，还是没用的准备，多做准备总是没有错的。这就好像天上掉馅饼一样，掉不掉到你的头上取决于什么呢？读书多？跑得快？个子高？都不是。

谁都不知道取决于什么，掉馅饼的“天”可能都不知道。所以多准备一些准是没有错的。

要知道，目标决定了命运，你制定怎样的目标，就会有怎样的人生。如果你不逼自己一把，就永远不知道自己的潜力究竟有多大。尽管很多人都知道自己应当做什么，但目标的局限性，还是束缚住了他们的才能。

大部分人都愿意安于现状，缺少了一股奋斗和进取的精神。

其实，人生说简单也很简单，说复杂也很复杂。那些让我们向往的成功，似乎总是来之不易的。造成这种结局的原因是，我们在没有到达成功时就开始迷茫，开始不知所措。

年轻人应该常常静下心，摆好心态。要相信，人生是随时可以扬帆远航的，只要你愿意脚踏实地做好准备，为自己的明天奋斗。

未来已经悄然走到你身边，而你，真的准备好了吗？

谭飞说：年轻人要减少质疑的时间，也减少质疑的次数。这无须怀疑——你已经是个成年人了。